产品设计初步

PRODUCT DESIGN BASICS

工业设计专业应用型人才培养规划教材

张 黎 编著

清华大学出版社

北京

内 容 简 介

本书共 7 章,涵盖了设计领域几乎所有的核心知识与专业技能讲解。第 1 章"初识设计",介绍设计与日常生活的关系,以及设计定义、设计专业分类、设计维度、设计专业主要学习对象;第 2 章"形态与美感",以大量案例解释形态分类、产品设计形态观念、形态要素、形式美基本法则,以及设计与自然。之后,分别以发现问题、思考问题、解决问题、方案评价为主题,构成第 3~6 章:"从观察开始设计:用户与需求"、"设计思维:创新与体验"、"设计视觉化:图解思考与设计表达",以及"设计评价与设计管理"。第 7 章"设计批评"作为选读内容,旨在为学有余力的读者提供历史与理论层面的设计批评理论,扩展设计思路与视野。

本书采用图文结合的方式,可辅以案例分析、主题研讨、小组讨论等课堂活动,深入浅出的文字配合近三年国内外最新设计案例,使读者能够以生动有趣的形式初步了解设计、体验设计并养成反思设计的习惯,尽快树立设计的专业意识。

本书适用于普通高等院校设计学本科各个方向的设计概论、设计初步课程或专业设计课程的教学,也可供设计专业研究生以及企事业单位的科研、设计人员参考使用。

图书在版编目(CIP)数据

产品设计初步/张黎编著.--北京:清华大学出版社,2014(2023.2重印)

工业设计专业应用型人才培养规划教材

ISBN 978-7-302-36818-2

Ⅰ.①产… Ⅱ.①张… Ⅲ.①产品设计－高等学校－教材 Ⅳ.①TB472

中国版本图书馆 CIP 数据核字(2014)第 124308 号

责任编辑:冯 昕
封面设计:吴 洁
责任校对:刘玉霞
责任印制:丛怀宇

出版发行:清华大学出版社
　　　　　网　　　址:http://www.tup.com.cn,http://www.wqbook.com
　　　　　地　　　址:北京清华大学学研大厦 A 座　　　　邮　　编:100084
　　　　　社 总 机:010-83470000　　　　邮　　购:010-62786544
　　　　　投稿与读者服务:010-62776969,c-service@tup.tsinghua.edu.cn
　　　　　质量反馈:010-62772015,zhiliang@tup.tsinghua.edu.cn
印 装 者:三河市铭诚印务有限公司
经　　销:全国新华书店
开　　本:210mm×285mm　　印　　张:11.25　　　　字　　数:305 千字
版　　次:2014 年 8 月第 1 版　　　　　　　　　　印　　次:2023 年 2 月第 8 次印刷
定　　价:59.80 元

产品编号:054832-03

工业设计专业应用型人才培养规划教材

编 委 会

序

  当今，我们翻开报章杂志或者上网浏览，不管看到的是报道还是广告，处处充斥着设计创新的内容，工业设计已成为政府官员必然说、全国人民必知晓的名词。与工业设计相关的高等教育专业在中国如雨后春笋般成长，足以证明工业设计在我们民族希望从"中国制造"走向"中国创造"中之重要。

  清楚记得，自 2007 年 2 月 13 日温总理批示："要高度重视工业设计"，责成国家发改委尽快拿出我国关于工业设计的相关政策报告起，我们这些往年只是在大学里"自娱自乐"的所谓工业设计"专家"们，一下进入全国范围，配合各级政府宣传、演讲、答疑、互动，一时间活动不断；2010 年 3 月 5 日温家宝在全国人大十一届三次会议所作的政府工作报告中，直接将工业设计立为新时代七大服务性行业之中，说明工业设计已提升至国家战略的高度；紧接着国家工信部于 2010 年 3 月 17 日发布了"关于促进工业设计发展的若干指导意见"之征求意见稿，又于同年 8 月正式发布了"关于促进工业设计发展的若干指导意见"；就此，在媒体舆论的大力推动下，中国工业设计的春天赫然到来，高校中的工业设计专业俨然成为热门，并且地位不断攀升，各地更多的大专院校在继续创立工业设计专业（据说有音乐学院也设立了工业设计专业）；据中央美术学院许平教授的研究统计，目前中国内地已有约 1900 多所大专院校设立了各种设计专业，其中有 400 多所设立了工业设计专业，据不完全统计，全国每年招收约 57 万设计专业本、专科生；在各地政府的大力支持下，涌现出大量的工业设计园区、创意园区和创新基地，让大专院校的培养有的放矢。我们这套丛书就是在这样一个大背景下产生的。

  我们的参编者是来自于全国各地的大学教师们，他们具有丰富的教学与实践经验。他们归属理工科大学、艺术类大学、师范类大学，也有综合型大学，因此，我们组建的是一个站在工业设计专业立场上，而非艺术类的产品设计或工科类的工业设计队伍，因为艺术类与工科类的教师们在将近二十年的论战中已趋于和谐，大家都明白，工业设计专业所需的知识并不能简单地划分为艺术类或工科类，也不仅仅是工科类叠加艺术类，而恰恰是需要艺术类的感性与工科类的理性二者适当结合，且由每个学生出于自身的发展来吸取与组合（已有 N 多的人才案例证明了这一点），所以，教材编写的重要性尤其凸显；我们认真讨论的结论是一致的——工业设计专业所需的知识尽量编入，而计算机网络的发展，给设计教学带来质的变化。整套丛书教材将近 30 本，应该说比以往任何时期任何设计教材都要多，一方面随着时代的发展，工业设计专业内涵不断提升与扩展，如通用设计、感性设计、仿生设计、交互设计等；另一方面是我们认为有必要的内容，如可持续设计、创新设计、艺术概论及产品商业设计等。

工业设计（industrial design）是指以工学、美学与经济学为基础对工业化生产的产品进行设计。工业设计狭义的理解就是造物，再漂亮的线条，再美好的想象，最终必须呈现在产品上。因此，材料、设备、加工、技术与科学永远是工业设计专业的必学内容，实践性教学是设计创新类专业的根本。工业设计专业是典型的横跨文理的专业，新时期的高等教学改革，最重要的是应从传统的非白即黑（文科与理科）中划分出一个新的跨界教学领域，这种跨界领域教学与实践确实发展神速，已波及其他专业的教学内容的改变，同时对我们的工业设计教学提出更高的要求。因此，我们丛书的定位是"应用型人才培养规划教材"，主旨是：精炼理论、加强技法、突出应用，强调实用案例与图文并茂。精简理论教学内容，增加以理论学习和应用为目的的实践教学内容，使研究性学习的形式多样化，以取得具有设计创新意义的教学成果。

今天，我们人类的智慧已超出了上帝给予的极限，人类能够探索太空、开发极地、移植基因、模拟智能……，超越了自然法则。这一切离不开设计创新的力量，我们都清楚，设计是一种理想，设计教育依赖的是实践性教学，更需要具有丰富经验的教师。面对广大的求知学生，希望我们的教材是索引，它能有效引导他们丰富联想、积累知识、延展思维。

是为序。

中国美术学院　赵阳　教授

2014 年 7 月 31 日于钱塘江畔

前　言

　　"设计初步"（又称"设计概论"）是工业设计专业的第一门专业基础课，对工业设计专业领域内涵盖到的几乎所有核心知识与技能都会有所涉及，主要目的是通过24个理论课时与8个实践学时的课程，让如"一张白纸"的新生面对即将展开四年的专业学习，树立起准确的认知起点，更重要的是激发学生后续自主学习的兴趣与动力。兴趣是学生自主学习能力激发与发挥的关键因素。对所学专业是否有兴趣以及兴趣的程度将会直接决定学生学习的效果，并将最终影响四年大学教育之后的职业去向。在信息爆炸的泛知识时代，如何激发学生的兴趣，换言之，如何将学生的注意力、关注力以及求知欲吸引到课堂上，是当下教育者应该下力气思考与解决的重大现实问题。而教材内容是否以及如何给学生勾画出一幅清晰的、富有吸引力的工业设计全景蓝图，对于学生自主学习兴趣的激发以及优势潜能的开发都具有重要影响。

　　本书以初次接触设计的阶段与任务作为统领内容的逻辑线索，从设计旨在解决"实用与情感、功能与形式"等二元关系的核心任务入手，结合"认识—体验—反思"的三维知识素养系统的培养要求，将枯燥、单调、零散的知识点整合为主题诉求明确、形式灵活多样、紧扣学科前沿与社会现实的教学内容。从专题教学的内部结构设置上，每章内容适宜安排为3课时的教学单元，也分别围绕着"认识—体验—反思"的三维立体知识素养体系：第1个课时，理论与案例串讲；第2个课时，围绕着讲座主题设置当堂任务，以小组讨论的形式动手动脑解决问题；第3个课时，对学生的当堂作业以及上次课后作业进行点评与分析，完善设计方案并培养学生自我反思的习惯。

　　本书共7章，内容主要围绕着"设计是什么"、"设计怎么做"，以及"设计为什么"等三大版块展开。从时间关系上看，分别从工业设计的过去、工业设计的当下、工业设计的未来三个维度来呼应，同时也分别从了解设计的属性与特点（认识）、掌握设计的基本技能与方法（体验），以及思考设计的价值意义（反思）三个方面对设计初学者进行专业素养的立体式浸染。认识部分由前两章构成。第1章"初识设计"，介绍设计与日常生活的关系，以及设计定义、设计专业分类、设计维度、设计专业主要学习对象；第2章"形态与美感"，以大量案例解释形态分类、产品设计形态观念、形态要素、形式美基本法则，以及设计与自然。在体验这一部分，分别以发现问题、思考问题、解决问题、方案评价为主题，构成了第3~6章："从观察开始设计：用户与需求"、"设计思维：创新与体验"、"设计视觉化：图解思考与设计表达"，以及"设计评价与设计管理"。设计反思由第7章"设计批评"构成，本章作为选读章节，旨在为学有余力的读者提供历史与理论层面的设计批评理论，扩展设计思路与视野。

在教学模式方面，本书结合心理学与教育学理论与实践成果，体现了以培养学生兴趣为导向的教学模式，其新意具体表现在：

- 从教学内容上，取消片段式的理论灌输方式，紧密结合当前设计前沿文化，编排为各有侧重点的主题教学模块。

- 在教学形式上，以"教学—参与—研讨"的三段式模式安排课时，实现每个教学单元都能"解决一个概念、完成一次创意、反思一个问题"的"兴趣激活"完整机制。

- 在教学方式上，以"启发与引导"并蓄作为主要方法，减少单一传输路径的理论知识，从各种感性的、浅层认知的层面引导学生对设计产生兴趣，并逐渐形成独立、明确的专业意识。

本书采用图文结合的方式，可辅以案例分析、主题研讨、小组讨论等课堂活动，深入浅出的文字配合近三年国内外最新设计案例，使学生能够以生动有趣的形式初步了解设计、体验设计并养成反思设计的习惯，尽快树立设计的专业意识。本书适用于普通高等院校设计学本科各个方向的设计概论、设计初步课程或专业设计课程的教学，也可供设计专业研究生以及企事业单位的科研、设计人员参考使用。

本书作为产品设计专业或工业设计专业的入门读物，旨在激发读者对设计的兴趣以及想象力。设计学科、行业，以及产业等各方面的发展日新月异，希望本书再版时能对设计的意义、设计思维的价值，以及设计研究的方法等进行更新与补充。由于编者时间、精力有限，书中不足之处甚多，恳请方家批评指正。

感谢北京信息科技大学工业设计教研室同仁的指导与帮助，感谢清华大学出版社冯昕编辑认真负责的校稿与编辑工作。书中所引图片很多来自网络，未能一一追溯出处，在此对各位匿名之士对知识的无私贡献一并表示感谢。

编者

2014 年 7 月

目　录

第 **1** 章 初识设计

与其说是认识设计，不如说是认识生活。本章将带大家从设计的角度来重新理解一下我们看似琐碎、平常的日常生活。生活是设计的伟大所在，了解设计会让你更容易发现生活的趣味。

"设计是什么"或"什么是设计"是每一个学设计的学生都会面临的第一问题。然而，这并不是个简单的问题。在本章里，你会先从最熟悉的日常生活中来体会设计的模样，可能是片断的，也可能的琐碎的，但没关系，你的体验越丰富，你的发现越敏感，都将越有助于真正地认识设计；之后本章会从设计的定义入手，介绍各种权威的、专业的组织或人士对于设计的定义，也就是他们眼中的"设计"是什么；在了解设计的定义这一基本问题之后，认识"设计"的焦点会放在"产品"上。什么是产品？什么是产品设计？产品设计有哪些基本的流程、方法，需要具备哪些思维的方式以及看待问题的角度？怎么把设计师脑海中的想法通过适当的方式表达出来？产品设计的几个基本要素又有哪些？最后，作为当代设计师，知识与技能层面的完备只是第一步，设计要对这个社会负责，对这个地球有担待，对环境的可持续发展起到正面作用。本书的最后一部分会给大家介绍可持续性设计的相关内容。

1.1　设计与日常生活：无处不在的设计

"设计无处不在"。这样的描述会对第一次接触设计的人来说，可能有些难以理解。人类生活的每个角落，都无法排除设计的影响力。我们所了解的每一个领域，都是设计的成果。

当你读到这里的时候，环顾四周，不用仔细观看，就可以发现设计在生活中的辐射范围与程度是多么广泛。登录任何一个网站，网站本身是设计的产物，它的交互、界面、字体、色彩、布局，都是设计师精心设计的结果；如果是购物网站，页面上显示的每一个商品都是设计，都可以被归纳到人们日常生活的"衣食住行用"。不管是在图书馆阅读，还是在路边摊品尝小吃；不论是在地铁站等车，还是在操场跑步，设计总在你身边。在这样一个高度人为化的环境当中，已经很少有纯粹自然状态的事物了。即使是一盆植物，也都是按照人们的喜好来修剪，放在人们喜欢的花盆里；或是邻居养的一只小猫，它的脖子上也许也挂上了符合人们审美趣味的铃铛，甚至被穿上了滑稽的衣服。如果你有机会到欧美国家周末的跳蚤市场上去逛一逛，一定会对设计的丰富留下深刻印象（图1-1）。

图1-1 国外跳蚤市场，满眼所见皆为设计

尽管生活的内容非常丰富，设计的含义也十分复杂，但有一点可以肯定：设计在生活当中扮演了举足轻重的作用。经过长久以来的进化与发展，人类对于大自然已经具备了登峰造极的改造能力。这种能力只为人类所具备，在这里，我们称之为——设计。人们改造居住的地方，随之也形成了一些专业化的设计领域，比如建筑设计、城市规划、景观设计、室内设计等；人们装饰自己的外表与身体、美化视觉环境，因此便有了时装设计、纺织品设计、首饰设计、平面设计等；人们优化饮食的器皿，也就有了很多专门从事厨房用品与餐具设计的公司及其品牌；人们改良手头的各种工具，为了解放双手、提高效率，因此有了各类产品设计；人们对于拓展身体的极限、提高空间转移的能力一直以来充满热情，因此交通工具设计、汽车设计、飞行器设计等专业领域甚至被称为"工业设计之王"，被社会寄予厚望。

为了帮助大家更好地了解设计、认识设计，下面5个小节，我们将会从"衣食住用行"5个方面带领大家进入设计的世界。

1.1.1 用

"用"的解释可以很多元，几乎与设计的广度相当。我们在日常生活中使用的每一件物品，几乎都是经过设计的。之所以把"用"放在设计领域的首位，是因为"用"代表了设计的本质性目的与特征。

"用"既可以解释为"实用"，也可以是"适用"，也可以是"使用"，还可以是"好用"或"可用"。换言之，设计"无用"则非设计。有些物品的功能、外观、技术、材料、工艺新颖性十足，让人们很容易判断为设计，比如顶级跑车或专业级跑鞋；有些物品十分好用，但由于常用、平凡，很容易被人们认为是理所当然，而忽视了其中的设计智慧，比如大头针、创可贴、不干胶、条形码等。如果做个有心人去探究一番，你会发现，每一个被人们日常使用的物品背后，都有一个生动的设计故事。

这是一块造型简洁优雅的圆石（图1-2），看似石头，实际上是一块具有去除皮肤异味的不锈钢材质的去味皂，由德国 Blomus 设计公司研制推出。其实早在产

图1-2 去味皂

品问世之前，很多生活经验丰富的家庭主妇都会发现，如果手上沾染了一些难闻的味道，比如洋葱味、大蒜味、鱼腥味等，在不锈钢的洗碗槽里蹭几下就能得到很大程度的改善。原理很简单，在揉搓摩擦的过程中，通过不锈钢释放出的游离的铁离子来中和掉那些刺鼻的味道。这个原理与需求被Blomus公司的设计师敏锐地抓住，推出了这款现代主义味道十足的摩登产品。这款产品虽风格前卫、材料新颖，但这些都不是它的根本属性；如果它无法实现"去除异味"的用途，那么它就不是一件合格的产品。

设计之"用"，最常被理解为"功能"。当代生活的便利，大都是由设计提供的。一部智能手机，集合了打电话、视频、上网、看新闻、阅读、聊天、拍照、听收音机、记录运动量与心跳、提醒、闹钟等几乎所有日常生活中所需要的常用功能。

1.1.2 衣

衣服也是我们每天都会接触到的设计形式之一。从时尚理论的角度来看，一个人的穿着在很大程度上能够反映出他的个性、价值观、身份、生活态度等，因此服装也成为时尚产业的重头戏。全球四大时装周，包括法国巴黎、英国伦敦、意大利米兰与美国纽约，每年分别举办春夏（9、10月）与秋冬（2、3月）两届，大约在一个月内全球四大城市会集中举办300多场时尚发布会。各个品牌的首席设计师会向公众提前介绍下一季最新款的产品，各种时尚媒介，包括杂志主编、记者、时尚博主、网站编辑、文娱名人等，都会蜂拥而至，来了解最新的时尚趋势。

除了时装周是设计师与品牌展示作品与风格的比武台之外，各种跨界的设计合作也成为时尚界推陈出新的主流方式之一。瑞士的斯沃琪（Swatch）手表公司就是一家玩转设计文化跨界合作与创新的行业标兵。

提起瑞士，精准奢华的机械手表是其标志性产业与骄傲，很难有人会想到刻板严谨的瑞士人也能设计出大胆幽默潮流感十足的塑料手表。20世纪80年代初，因为日本电子手表的平价与设计创新，瑞士钟表业跌到了历史低谷，全球市场销售量只占不到15%，尤其是在100美金以下的低价手表市场，瑞士表业的占有率为零；介于100~450美金之间的中价位手表市场，也只占3%。为了不被日本企业并购，工程师出身的Swatch创始人海耶克（Hayek）提出两家瑞士制表公司SSIH与ASUAG合并成立Swatch公司（取瑞士Swiss与手表watch的组合），专门针对中低端市场生产新型手表。Swatch的设计理念——塑料的、年轻的、新潮的，与主流的瑞士手表文化格格不入，遭到了瑞士表业同行的强烈质疑与反对。但海耶克还是力排众议成立了SMH集团，由第一代创意团队开始设计一款塑料材质、只有51个零件的低成本手表，改变了瑞士传统手表需要90个甚至150多个零件的规则。手表机芯直接镶嵌在底盖上，成为表身的组成部分，既成为手表本身的装饰，又简化了工艺、缩减了手表的厚度，更重要的是，降低了手表生产的成本，让更多年轻人能够享受手表的流行文化。

Swatch的成功，不仅是技术层面的革新，更多地来自设计创新。这种设计创新不单是指形式上的美感变化，而是合作方式。Swatch手表的创作者，不仅是工业设计师，还包括平面设计师、时装设计师、建筑师、艺术家、雕塑家、画家、流行音乐人等各个视觉文化行业的创意人群。比如邀请意大利著名设计刊物Domus的主编、建筑师曼迪尼担任Swatch设计总监，又比如经常举办各种以Swatch为主题的艺术创作活动和展览。很多艺术家都为Swatch设计过主题手表，并限量发行。比如第一只Swatch Art手表由法国艺术家Kiki Picasso在1985年设计推出（图1-3左），限量140支，表盘图案采取了艺术家本人的海报设计创意，据称目前收藏价格超过30万元人民币。与艺术家合作更新手表设计的创意模式一直被保留下来，图1-3（右）是2013年由西班牙多媒体艺术家卡萨多（José Carlos Casado）设计的Swatch手表及其创意原型。

图1-3　Swatch限量艺术手表

1.1.3　食

"锅碗瓢盆酱醋茶"常被人们用来形容日常生活的琐碎与乐趣。如果我们从设计的角度来看，上述与人们饮食关系密切的7件事物，哪一样不是设计？从整个人类文明进程来看，某个民族特定时代的餐具不仅表现了当时老百姓的生活方式，同时也能折射出那个时代的政治、社会、经济以及文化状态。在皇权时代，刀叉碗筷都有严格的阶级区分，王公贵族和黎民百姓所使用的餐具，在样式、材质、色彩、图案甚至是工艺上，都要遵循严格的等级制度。比如从唐朝开始，黄色就成为中国皇室的专用色彩，黄色的餐具也只为帝王集团设计与使用（图1-4）；又比如筷子是亚洲的典型餐具，而刀叉则是西方的典型餐具。

图1-4　古代皇家餐具

同样，"可口可乐"不仅是当代青少年热衷的饮品，也是美国流行文化风靡世界的证明。除了"可口可乐"（Coca Cola）的标志设计是平面设计史上的经典案例之外，它的玻璃瓶造型设计也有一番故事（图1-5）。背后操刀的正是被誉为"美国工业设计之父"的罗维（Raymond Loewy），他将20世纪30年代著名的"流线型"（streamline）造型语言运用到可口可乐瓶身的设计当中，被视为美国商业化设计的成熟之作。

| 1899-1902 | 1900-1916 | 1915 | 1957 | 1961 | 1991 | 1993 | 2007 |

图1-5　可口可乐标志与瓶形设计的历史演进

甚至很多食物也是设计智慧的结晶。比如各种造型的意大利面条、咖啡或茶专用的方糖、冰淇淋的甜筒、方便携带与使用的茶包，以及在美国加州、日本、中国港台等地的餐厅都比较常见的幸运饼干（图1-6）。幸运饼干（fortune cookie）是日本景观设计师秋原真在1914年的发明，其灵感来自于日本神道传统的新年庆祝仪式。幸运饼干多在客户食毕结账后由餐厅老板亲自奉上，造型小巧可爱，由面粉、鸡蛋、糖和奶油等原料制成，折叠成形前在其中装上写着各种人生格言、轶事趣闻、奇思妙想等短句的纸条。用餐后，每个客人都会打开随机赠送的饼干并饶有兴趣地阅读纸条上的内容，形成了一种有趣的饮食文化。

图1-6　幸运饼干

1.1.4　住

　　我们所在的城市，它的整体布局、基础设施、建筑、公共交通、公园、博物馆、学校、银行、餐厅等，都是设计的产物；我们的家，室内空间的规划，家具、灯光、墙面、地板，也都是精心设计的结果。大学宿舍往往是承载了美好记忆的青春空间，每一个床铺都有其自己的特点，枕头、床单、台灯、书架等，既是学生的个性体现也是个人的设计选择。在这些司空见惯的生活场景中，设计是那样的无所不在。

　　建筑是满足人类居住需求的设计产物。在所有文明的遗留物当中，建筑是最能存留，也是最昂贵的文化记忆。建筑能告诉我们，居住在里面的人处于什么样的生活方式与状态。"居者有其屋"是人们最为朴素的基本需求，房屋能够使人们远离寒冷或炎热、潮湿或干燥，它是人们日常生活的起点。建筑的历史很大程度上成就了20世纪50年代工业设计史的主要内容，其复杂程度使得它独立于设计学科之外，成为不同于工业设计、产品设计、环境设计、信息设计、平面设计、时装设计等设计学分支的独立学科。但从设计的基本内涵来看，建筑当然也是设计的一种。

　　不论是古代或近代人居住的洞穴、树屋，或者用动物皮毛、骨骼制成的棚屋（图1-7），又或是矗立在北京东三环上的中央电视台总部新大楼（图1-8），都是关于"住"的设计。尽管两种类型的建筑所包括的技术难度以及文化含义不同，但从设计的基本定义来进行归类时，两者并无本质区别。

图 1-7　用动物皮毛制成的帐篷屋

图 1-8　荷兰建筑师库哈斯设计的 CCTV 新大楼

1.1.5　行

空间移动是日常生活的基本需求之一。为了弥补人类的生理缺陷，比如移动速度不够快、耐力有限等，聪明的人们发明了各种交通工具来作为身体的延伸，实现人们多样化的出行需求。

自行车是中国人最为熟悉的交通工具，但它是如何被设计、制造出来的故事却并不为人们所了解。据说在 18 世纪 70 年代，一群修士在整理达·芬奇在 1490 年记录的手稿时，发现了类似脚踏车的原型。

除了自行车和汽车，2000 年前后，由美国发明家狄恩·卡门 (Dean Kamen) 及其创新研发公司 DEKA 设计出一种新型的个人化交通工具，取名为赛格威（Segway）（图 1-9）。Segway 取自于英文单词"Segue"，意为"流畅平滑的行走"，它是一种单轴双轮电动车，具有自动稳定的"动态平衡"功能。只要站上踏板，扶住操纵杆，当身体重心向前倾时车轮就前进，后仰则后退，站直即停住。这是一种非常智能的交通工具，不需要烦琐的程序控制，只需要近乎自然反应的身体动作，就能控制 Segway 的运行状态。Segway 精准的平衡系统控制是通过内部安装的五个微型智能陀螺仪感应器，运用动态平衡技术来实现的。这些固态（硅）装置利用科里奥利效应（Coriolis effect）决定转动的角度，为马达提供信息反馈以保证正确而平稳的运动，从而让 Segway 能够始终保持直立状态。

图 1-9　塞格威（Segway）电动车

除了这些高科技的交通工具之外，我们经常乘坐的公交车、地铁、轮船、飞机、火车、的士、大巴等，也都是关于"行"的设计，发动机的功率、传动装置的工作原理、造型风格、内饰、座椅的舒适程度、驾驶空间与仪表盘的设计、行李架、门与把手、窗户、走道、视觉形象等，这些都需要设计力量的介入。

1.2 如何认识设计

在英语与汉语中，设计最基本的词义是"设想"与"计划"。《新华词典》将设计解释为"在做某项工作之前预先制定方案、图样等"。我们也可以把设计作为"通过行为而达到某种状态、形成某种计划"，这是一种思维的过程以及创造形式的过程。不同的视角，不同的立场，甚至对于设计历史的不同界定，都能得出不同的设计定义。约翰·赫斯科特（John Heskett）教授曾经说过，一些活动为了显得更为专业，都将自身称为设计，比如发型设计、花卉设计、美甲设计等。"设计"这个词被一再地滥用，部分原因是由于设计作为行业缺乏统一的标准。它与法律、医药、建筑、规划等不同，这些行业从业资格的获取门槛很高，有一套严格的既定标准与准入机制。另一原因，还在于对于设计发展历史的界定也比较模糊，到底应该从人类开始使用工具的历史开始计算，还是从西方工业革命开始，不同的学术派别众说纷纭。

1.2.1 设计定义的多样性

从英文的 design 来看，其由 de 及 sign 两个概念合成，de 代表着 destroy，即"破坏、打破"，sign 则是"记号、符号"的意思，因此 design 合起来的意思可以说是，将既有的事物加以改变再重新组合或发明，而创造出新的事物。在英文字典中 design 的意义大致可归纳成以下几个方面：① 设计、预定计划；② 描绘(图画的) 草图，描绘(构想的) 草图；③ 有目的的预定、配合与实施；④ 计划、企划；⑤ 意愿、意图；等等。

若从中文的语境来看，"设计"与英文中的含义大致相似，包括：① 计划、谋划；② 预定计划，采取措施并使之实现；③ 图形、绘图等。

不论是经验层面，还是理论角度，都可看出关于"设计"的定义是一个很难回答却又绕不开的问题。翻开任何一本设计领域的书籍，都能轻易找到类似"设计是……"或"……是设计"的表述。设计定义的多样性也来自多学科交叉并行的知识属性，设计学(discipline of design) 也因此被称为"跨学科"、"交叉学科"、"边缘学科"（interdisciplinary）。

几乎每一种语言都对应多种关于设计的定义。关于设计的定义千差万别，但总的来说，仍然可以归纳为两种类型：一种是从"计划"（planning）的视角来解读设计，最著名的说法来自于诺贝尔经济学奖获得者、美国学者赫伯特·西蒙（Herbert Simon），"凡是以将现存情形改变成向往情形为目标而构想行动方案的就是设计"；另一种则是从"造型"（formgiving）的角度来进行解释，强调设计的美学与赋形的功能。

除此之外，还有一组定义方式，将"设计"的含义从动名词两个方面来归类。一种是设计的动词属性——从设计的程序、过程、方法、工具来定义设计；另一种则是从设计的名词属性——设计的状态、结果、价值、意义来规范设计（见表 1-1）。

表 1-1 设计定义的方式与类型

目的 aims	属性 attribute
规划、计划（planning）	动词（verb）：程序、过程、方法、工具
造型、赋予形式（formgiving）	名词（noun）：状态、结果、价值、意义

然而，设计定义的多样性并不妨碍我们对于设计的认识，相反会激发我们更多的思考，有益于

从更多的维度与视角来感知设计、理解设计。

比如美国设计学教授约翰·赫斯科特曾分享过一个饶有趣味的设计定义:"设计就是设计一种能生产设计的设计。"(Design is to design a design to produce a design.[①])这句话看起来有些匪夷所思,但每一个"设计"的用法在语法上都是合理的。下面我们一起来看一下这句话当中每个"设计"的具体所指,它生动地表达了"设计"这个概念的复杂与多样。

第一个"设计":名词,泛指一般概念,适用于所有领域。比如,宏观设计对国家经济发展很重要。

第二个"设计":动词,指示行为或过程。比如,她必须要在3个月内完成Smart汽车的内饰设计。

第三个"设计":名词,意指某种产品的成品,是将脑海中概念转化为物理上的实际存在。比如,苹果公司会在何时推出iPhone6、iTV以及iWatch等的设计呢?

第四个"设计":名词,表示一种建议或概念。比如,请大家把各自的课表设计交给学习委员。

再比如,从设计的历史维度来看,设计的定义粗略地可以分为古典、近代以及现代等三个阶段。

古典阶段:15世纪前后,意大利语的"desegno"表示"艺术家心中的创作意念"。这时的"设计"指的是艺术家个人思维层面的想法。

近代阶段:18世纪,design的词义仍限定在艺术范畴之内,1786年出版的《大不列颠百科辞典》对"design"的解释是:"艺术作品的线条、形状,在比例、动态和审美方面的协调。"这一阶段的设计定义,集中在设计的造型与视觉审美能力。

现代阶段:大机器工业的生产方式变革导致了设计观念的革新,19世纪中期逐渐成熟的英国工业革命被视为现代工业设计的历史起点,现代意义上的设计观念由此确立起来,"design"的概念及其语义开始突破美术或纯艺术的范畴而趋于宽泛,指的是一种"批量化、机械化、标准化"的生产方式、流程与模式。

1.2.2　设计定义的多重视角

1. 官方组织:IDSA、ICSID 与 Design Council

工业设计是一种为用户和制造商实现互利的专业服务,创造并发展概念和规范,用来优化产品和系统的功能、价值和外观。

Industrial design (ID) is the professional service of creating and developing concepts and specifications that optimize the function, value and appearance of products and systems for the mutual benefit of both user and manufacturer.(美国工业设计协会 http://www.idsa.org/what-is-industrial-design)

设计是一种创造性活动,其目标是为物品、流程、服务及其系统在其整个生命周期中建立起多方面的品质。因此,设计是人性化技术创新的核心因素,同时它也是文化与经济交流的关键因素。

Design is a creative activity whose aim is to establish the multi-faceted qualities of objects, processes, services and their systems in whole life cycles. Therefore, design is the central factor of innovative humanisation of technologies and the crucial factor of cultural and economic exchange.(国际工业设计协

---

① HESKETT J. Design: a very short introduction[M]. Oxford, UK: Oxford University Press, 2005.

会联合会 http://www.icsid.org/about/about/articles31.htm）

　　设计是创造力与创新的链接。它为用户或客户将构想塑造为现实的、有吸引力的属性。设计可以被描述为利用创造力为某种具体的结局服务。

　　Design is what links creativity and innovation. It shapes ideas to become practical and attractive propositions for users or customers. Design may be described as creativity deployed to a specific end. （英国设计协会 http://www.designcouncil.org.uk/about-design/What-design-is-and-why-it-matters/）

2. 设计从业者

　　"设计，是一种目标导向的问题解决活动。"——布鲁斯·阿切尔 (Bruce Archer, 英国皇家艺术学院设计研究教授）

　　"设计从本质上可以被定义为人类塑造自身环境的能力。我们通过各种非自然产生的方式改造环境，以满足我们的需要，并赋予生活以意义。"——约翰·赫斯科特（John Heskett, 现任香港理工大学设计学院首席教授、美国芝加哥伊利诺伊理工大学设计学院教授）

　　"设计有关'事物'的功能、本质及外观。更进一步地说，它是一种关于问题解决的创造性活动，更广义地说，便是沟通。"—— 雷切尔·库珀（Rochel Cooper，英国兰卡斯特大学设计管理教授）和迈克·普瑞斯（Mike Press，苏格兰邓迪大学艺术与设计学院教授）

　　"设计是人类进行构思、规划以及制造为人类服务的产品的权力，从而实现人类自身或是集体的目的。"——理查德·布坎南（Richard Buchanan, 英国著名设计研究学者）

　　"设计，作为名词，指的是制造人工制品的某种规范或计划，或从事某种特殊的活动；……设计是人造物产生的基础与前奏。作为动词，设计指的是指向设计生产的人类活动。"——特伦斯·拉夫（Terence Love, 澳大利亚设计研究学者）

　　"设计是有意识的、直觉的努力，去创造有意义的秩序……设计既是秩序内在的基础，同时也是制造秩序的工具。"——维克多·帕帕纳克（Victor Papanek, 美国20世纪后期著名设计师、设计理论家，著有《为真实的世界设计》一书）

　　"设计，是发明具有功能的物品的过程，为了满足这种功能，物品显示出新的秩序、组织与形式。"—— 克里斯托弗·亚历山大（Christopher Alexander，奥地利建筑设计师）

　　"设计师是审美感的策划者。"——布鲁诺·穆纳里（Bruno Munari，意大利设计师）

　　"'设计'一词大致包含了整个人造物与可见环境的所有范围，从简单的日常用品到整个城镇的复杂规划，都属于设计。"——沃尔特·格罗皮乌斯（Walter Gropius，20世纪著名的现代主义设计师、教育家，包豪斯创立人）

　　"设计是将形式与内容整合在一起的方法。设计，就像艺术一样，有很多定义；这里没有任何一种单一的定义能取代其他。设计可以是审美的，设计也可以简单的，这就是为什么设计的定义是如此复杂的问题。"——保罗·兰德（Paul Rand, 美国著名平面设计师）

　　诚如保罗·兰德所言，关于设计的定义，这是一个既简单又复杂的问题。说它简单，是指一提到"设计"，每个人都有一套自己的关于设计的理解，都能对设计"说三道四"；说它复杂，设计定义的开放边界近乎是无限的。不同的视角、不同的职业、不同的历史年代、不同的文化背景、不同的生活方式、不同的教育经验等，都会造成对设计定义的差异。介绍上述设计定义的目的，是希望起到抛砖引玉的作用，启发读者更多基于自身经历的创意性思考。

1.2.3　设计学科的分类

早期工业设计专业方向大致分为三个领域，包括产品设计、环境设计以及平面设计。 我国高等学校本科教育专业设置按学科门类、学科大类（一级学科）、专业（二级学科）三个层次来设置。按照国家 1997 年颁布《授予博士、硕士学位和培养研究生的学科、专业目录》，分为哲学、经济学、法学、教育学、文学、历史学、理学、工学、农学、医学、军事学、管理学 12 大门类；2011 年 8 月下旬，艺术学首次从文学门类中独立出来，成为第 13 个学科门类。艺术学学科门类下，设置了 5 个一级学科，分别是艺术学理论、音乐与舞蹈学、戏剧与影视学、美术学，以及设计学 (可授艺术学或工学学位)。设计学的学科大类下，又设置了艺术设计学、视觉传达设计、环境设计、产品设计、服装与服饰设计、公共艺术、工艺美术，以及数字媒体艺术等 8 个专业，亦称"二级学科"。

在国内外各大设计类院校、综合院校中的设计类院系，其专业划分并没有完全按照教育部《普通高等学校本科专业目录》(2012 年) 进行设置，而是呈现出更为灵活自由的形式，但一般都可分为工业设计、交互设计、环境设计、平面设计、时尚设计 5 个方向。

1. 工业设计（industrial design）
- 家具设计（furniture design）
- 交通工具设计（transportation design）
- 产品设计（product design）
- 文具礼品设计（stationery design）
- 玩具设计（toy design）
- 系统设计（system design）
- 通用设计（universal design）

2. 交互设计（interaction design）
- 信息设计（information design）
- 动画设计（animation design）
- 界面设计（interface design）
- 服务设计（service design）
- 计算机自动设计（computer-automated design，CAutoD）

3. 环境设计（environmental design）
- 建筑设计（architecture design）
- 室内设计（interior & space design）
- 展示设计（display design）
- 公共艺术设计（public art design）
- 景观设计（landscape design）
- 舞台设计（stage design）

4. 视觉传达设计（visual design）
- 广告设计（vdvertisement design）

- 包装设计（package design）
- 插画设计（illustration design）
- 动画设计（animation design）
- 网页设计（web design）

5. 时尚设计（trend design）

- 剧装设计（cosmetics design）
- 服装设计（fashion design）
- 首饰珠宝设计（jewelry design）

就目前的设计趋势来看，很多设计作品与产品很难将其单一地界定为某种领域的设计，而是多种学科、多种专业的融合。比如奥运会开幕式的筹备与演出，它属于哪种类型的设计？2013年年底陆续出现的余额宝、理财通、零钱宝等新兴的互联网金融产品又是属于哪种设计？因此，专业的划分对于我们了解设计学学科只能作为一种参考，而并不具有绝对的指导价值。

一般而言，工业设计及其专业知识架构是设计学学科的基础与核心，因此绝大部分设计类院校不论其他专业设置与否，都会设置工业设计专业。不同的是，目前在理工科背景的院校里，工业设计（industrial design）的专业名称仍然保持不变；而在人文社科背景为重点的院校里，如各大美院，工业设计专业或改名为"产品设计"（product design）。然而，两种专业名称的微小差异并没有导致核心课程与知识系统的变异，只不过前者更加注重理工类学科的跨界与补充，在大学四年的教学大纲中基础类课程也包括诸如高等数学、工程力学、机械制图等；后者则更注重学生感性思维、艺术审美、设计理论等能力的培养。在学科融合、知识跨界的时代背景下，设计学各大专业的学生在大学四年的教育之后，应该成长为动手能力与思维能力兼具、图解思考与语言表达能力共存、逻辑思维与批判思维共享的多面手，因为综合知识与技能的完备程度将决定设计师今后的事业高度。

1.3 设计的维度

1.3.1 产品与设计

随着时代的进步以及设计学科的发展，"产品设计"与"工业设计"这两个概念已经逐渐融合为一体。不过，仔细辨析，两者在概念的内涵与外延方面仍然存在明显的差异。

产品设计，广义上是指通过合理的方式有效并高效地构思并深化概念以创造新产品的过程；而工业设计，则是关于如何将艺术形式和与之相适应的工艺生产技术带入到标准化、批量化的生产过程中。从定义的范围来看，"工业设计"要大于"产品设计"。在早期的设计学科分类中，曾经将"产品设计"、"环境设计"以及"平面设计"作为"工业设计"的三个分支。英国设计师、社会活动家诺曼·波特（Norman Potter）在其1969年影响力颇大的著述《设计师是什么：物品、场所与信息》（*What is a designer: things, places, messages*）中将设计师从事的具体领域分为三类，包括产品设计（物品）、环境设计（场所）以及视觉传达设计（信息）。这一区分也极大地影响了20世纪80年代开始的中国工业设计教育的学科划分。

产品的概念则相对比较模糊，几乎可以涵盖人们生活中所有的物品，比如餐具、数码产品、图书、灯光、家具、图形、交通工具、时装、手工艺等，甚至包括某些非物质形态存在的服务，比如旅游产品、理财产品、美容产品等。在设计的大视角下来看产品设计，它是一个通识性的概念，指的是根据设计思维与方法，以草图、模型或样品等方法，创造一个具有实际功能的物品。当然，这个过程不只局限在设计师这一环节，还包括结构设计、工程设计、工艺设计等生产过程，以及物流、配发、销售等后续环节。

本书中，我们将工业设计语境中的"产品"定义为：为了满足用户需要、具备某种功能，利用特定的生产程序与加工工艺，赋予材料以某种形态与结构，面对市场、批量生产的物品。

1.3.2 产品设计的基本流程

关于产品设计流程的知识与有关设计定义的看法一样繁杂，有的侧重于设计师角色角度，有的偏向于设计思维的角度，有的则侧重呈现设计管理的视角，有的还偏重于解决问题的环节与步骤。

1. IDSA 的 6 步骤

美国工业设计协会（Industrial Designers Society of America，IDSA），从设计师的角度，解释说明了设计从想法到商品的 6 个基本步骤：

（1）定义问题：通过研究帮助用户明确问题、需求与设计目标；

（2）头脑风暴：尽可能多地想象能够解决问题的所有途径与方法；

（3）草图绘制：以视觉呈现的方式表达设计师的构想与概念；

（4）原型制造：检测概念的可行性，并通过原型进一步修改、完善之前的方案；

（5）用户反馈：小范围地测试用户对于产品的使用情况及其满意程度；

（6）优化设计：与工程师、制造商、营销专家共同合作，在产品投入市场之前进行最后一步的深化工作。

2. Bryan Lawson 的 5 阶段

布莱恩·劳森（Bryan Lawson）是研究设计思维的著名学者之一，也是一位建筑家、教育家和心理学家。围绕着"问题"与"思维"，他将设计过程归纳为 5 个阶段，分别是：

（1）萌芽期——形成问题；

（2）准备期——了解问题；

（3）培育期——放松让潜意识思考；

（4）启发期——概念迸现（灵感降临）；

（5）确定期——概念发展与测试。

3. CMU（卡内基梅隆大学）的 6 个核心组件

卡内基梅隆大学设计学院的三位教职人员在 2004 年的设计研究大会上发表了关于设计过程核心组件的论文。[①] 文章提出，定义（define）、发现（discover）、综合（syhthesize）、建构（construct）、精化（refine）和反思（reflect）是设计过程中用来发现和汲取知识的流程要素。每个组件的发生建立在前一个组件完成的基础之上，且每一个组件都包含了所需的特定技术与工具。

（1）定义——对于设计问题的定义，明确问题的限制、条件、性质，通常以设问的形式对原本

---

① Zimmerman, J. Forlizzi, J. Evenson, S. 2004. "Taxonomy for Extrating Design Knowledge from Research Conducted During Design Cases" Furtherground 04, Proceeding of Conference of the Design Resarch Society. Mellbourne, Australia.

模糊的问题进行明确化；

（2）发现——收集与问题相关的各种数据信息，找到隐藏在问题背后的用户需求，制作用户心理模型与用户使用模型；

（3）综合——对收集来的数据信息进行整理，一般将抽象的、复杂的、琐碎的、文字的信息以各种设计工具综合为视觉化的、直观的、整合的、图像的信息呈现出来；

（4）建构——结合综合信息，开始创建具体的功能、行为、造型等，形成产品原型；

（5）精化——对建构的初步产品原型进行评估、价值界定、工艺考量、结构推敲等规范化工作，并进一步完善产品原型，准备生产制造投入市场；

（6）反思——对产品市场化之后的检测与评估，考查用户反馈、市场接受度等，为下一次设计积累经验，包括设计流程的改进、新的差距与机会等。

4. 其他

除了上述 3 种关于设计过程的分类与界定之外，还有很多不同的表达方式，但设计流程的实质还是类似的。在搜索引擎 Google 上，以"product design process"为关键词进行搜索，可以看到大量关于设计流程、设计程序与方法的相关资料。

如图 1-10 所示，以用户为中心的设计流程，也是从用户研究开始，以研究数据为根本制订计划，开始设计包括界面、功能、结构、造型、工艺等，一直到制作产品原型及可用性测试。

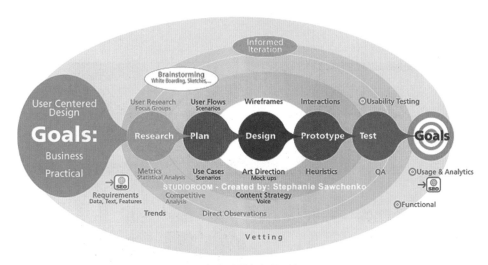

图 1-10　设计流程示意图

另外，Design Edge 公司的三步骤（3D），包括定义（define）、发现（discover）与发展（develop）；以及 Smart Design 公司的三步骤（3C），包括设想(conceive)、创建(create)、完成(complete)等与图 1-10 所示的设计流程也大致相似。

又比如起源于宝洁公司委托任务，最终在美国连续体设计公司手中成为明星产品的 Swiffer 拖把（将在第 4 章中详细介绍），经历了以下设计过程：

（1）匹配（alignment）：与客户见面沟通，直到完全理解他们的需求；

（2）了解(learn)：田野调查、用户研究，花时间与精力去观察、了解目标用户的使用习惯、生活方式、行为特点等；

（3）分析（analysis）：统筹前两步所得到的信息数据，深入思考以期得到设计方案的整体原则和基本思路；

（4）构想、原型、测试以及迭代（envisioning, prototype, test, iteration）：让用户试用产品原型并发现可改进的地方，不断修正、改进直到达到用户希望的状态；

（5）部署（deployment）：整合上一步骤得到的所有待改进信息，完善产品或服务，直到达到用户要求。

综上所述，本书将设计过程围绕着"问题"中心来展开，分别是发现问题、思考问题、解决问题三个步骤，同时以用户研究、设计思维以及设计技法作为三个步骤分别所需的核心技能与知识组件，进行配套介绍与讲解。

1.3.3   以问题为中心的设计程序

1. 从观察开始设计：用户与需求

以问题为中心，实际上也就是以用户为中心、以用户的问题为核心的设计方法，其核心在于满足用户与消费者的实际需求或潜在的未知需求。用户的需求，是一成不变的吗？是设计师坐在工作室就能臆想出来的吗？相似的消费者、用户之间会有差异吗？不同的年龄、不同的性别、不同的社会地位、不同的爱好、不同的生活方式、不同的收入水平、不同的职业属性、不同的文化价值观念、不同的宗教信仰等，这些都会影响消费者与用户的需求差异。专注于用户需求与问题的研究才能有效地创造出符合市场规律和用户需求的适宜产品。图 1-11 显示的是用户研究的几个主要方法，包括观察法、访谈法，以及文化探究（cultural probe）等。这些方法如何操作及其案例将会在本书第 3 章中详细介绍。

图 1-11   主要用户研究方法研究场景

2. 设计思维：创新与体验

设计思维本质上是以用户为中心的创新过程，它强调观察、协作、快速学习、想法视觉化、快速概念原型化，以及并行的商业分析。首先，根据实地研究挖掘出对消费者的深层认知；运用同理心这一方法，既可以成为新灵感的来源，也可以成为探求消费者需求与发现用户未知需求的工具。

通常，这种方法涉及观察、聆听、讨论和寻求理解的调查研究。从寻求理解出发，而不是试图说服或臆想，这是一种生成式的设计方法。设计师所谓的概念与灵感，都不是仅凭一己之力冥思苦想得到的，而是借助一系列方法，比如用户参与的文化探求，以及其他社会学和人类学方法，将得

到的信息整理分析之后才能得到的。因此，设计师要
与多个领域的专业团队合作，同时还要和用户达成开
放的合作关系。最后一步，往往也是最能表现出设计
师基础能力的一步，是将所有的想法、信息、数据、
对于用户的理解整理为视觉化的呈现，可以是草图、
图表、简报、故事、角色扮演、脚本、简易模型或产
品原型等。视觉化的沟通方式能够跨越语言与理解力
的沟壑，"有图有真相"，在视觉辅助下，各个领域的
专业团队和普通的志愿者用户之间的沟通会变得容易
得多。

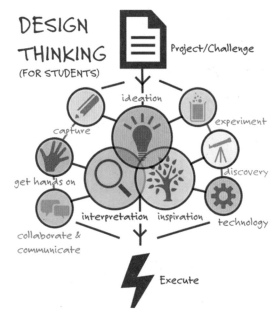

图 1-12 设计思维内容示意

　　图 1-12 显示了对于初学者而言，如何来体验或
实践设计思维。可以看到，设计思维贯穿在整个设计
流程的所有环节。面对一个设计任务，动手与动脑同
步。一边是动笔将所有想法、现象、问题、体验、对
话都记录与捕捉下来；一边是做一些访谈、观察来定
义问题——设计要解决的核心任务。对于这些问题的解决方法构思要经过进一步的解释与发散，并
从技术层面来考察它们的合理性。最后一步才是去执行设计，包括制作模型或样品。所有这些方法、
流程以及思路都是设计思维的应有之义。

3. 设计视觉化：解决问题与快速表达

　　视觉化的表达方式是设计行业内的通行语言，既能有效激发并记录设计师的灵感，也能提高同
行沟通的效率与效果。将脑海里的抽象概念，利用简单的纸笔等工具，转换为图像形式，将片段化、
碎片化、瞬间化的想法固定为"永恒化"的纸面形式。这一过程不仅要求设计师具有扎实的绘画基本功，
还要求能够掌握快速、准确、形象的表达方法。这是设计师必须具备的入行敲门砖。

　　手绘草图是最常见、成本最低廉，也是比较快
速的有效视觉化方法之一。单色的铅笔、普通的圆
珠笔、签字笔、绘图笔都是手绘草图的常见工具。
通过粗细不同、深浅不同的线条来强调远近、高光、
体量感，以及与空间的相对关系等。主要用来体现
基本的形态特征，如果能对重点的功能、结构特点，
以及基础的材质特点稍加表达的话，整体效果会更
好。准确的透视关系是衡量一幅手绘草图的唯一要
求，它将决定产品各个特征表达的真实感。

图 1-13 产品方案草图绘制

　　如果时间允许，也可以辅以阴影、轮廓线、示
意线等，以增加画面的完整感，表达出更多有助于
理解的设计信息（图 1-13）。

1.3.4 产品设计的基本要素

　　在产品设计的全流程中，需要设计师解决的问题有很多；产品设计涉及的要素也很多，除了这里

图1-14 隐藏在手机里的结构与工艺

提到的功能、形式、材料、结构、工艺之外，还有用户研究、市场趋势、专利保护、竞争对手研究、整合创新、用户体验、品牌价值、产品生命周期、产品形态语义、使用心理、社会学意义、人机工程学、情感设计等。

在从事产品设计时，首先应考虑的问题就是：该物品的功能是什么？设计的主要目的是什么？设计要解决的核心问题是什么？设计时不只要注重其物理性、物质性的功能，还要考虑社会性、心理性机能。当然，最重要的还是物品的基本功能，正如手机是一种通信工具，打电话、发短信是其基本功能；汽车是一种交通运输工具，把用户带到想去的地方是其基本功能；椅子是供人使用的坐具，应当把承托起身体的某一部分使用户达到放松的目的作为其基本功能。物品要达到特定的功能，就必须有相对应的结构（图1-14）。例如：普通手机和智能手机，在内部结构与工作原理方面存在很大的差异；载运乘客的一般汽车和载运汽油的油槽车，在车体及内部结构方面也不相同；椅子为了支撑人体的重量，就要具备耐重的结构。将设计师脑海中的构想实体化，

可以说是设计的另一层意义。为了达到实体化的目的，就必须选择适当的材料，并配合适宜的加工技术，把产品制造出来（图1-15）。每一种材料都有不同的特性，如果能活用其特性，配合产品的造型及制作技术，就能使设计构想转化为实际的产品。现代的材料和技术都非常发达，当然，要去认识所有的工艺以及材料属性对于产品设计师而言可能不太现实，产品设计师可以运用他们已有的材料常识与材料工程师、工艺设计师等专业人员进行沟通与协商。

图1-15 汽车设计涉及复杂的结构设计、材料科学以及工艺流程

因为不同的材料具有不同的特性，所以设计师需要根据不同的功能，制定不同的结构，选择不同的工艺，再来配合合适的材料。例如，给婴儿使用的餐具，除了基本的用餐功能之外，还必须具备安全、柔和等特点，它的结构、工艺以及材料都会与成人餐具产品存在较大的不同（图1-16）。

图 1-16　婴幼儿餐具与成人餐具对比

前面我们给出了关于产品的简单定义——为了满足用户需要，具备某种功能，利用特定的生产程序与加工工艺，赋予材料以某种形态与结构，面对市场，批量生产的物品。

我们也可以将相关要素按照与产品设计的层次关系远近不同分为三类，分别是核心层、有形层以及外延层（图 1-17）。

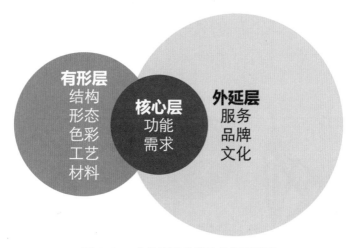

图 1-17　产品要素分类及其相互关系

为了帮助设计专业的初学者更快地理解产品设计的大致内容，本节采取化繁求简的方式，即简单介绍 5 种基本的产品设计要素，帮助大家更快地建立起关于产品设计的基本认知。这 5 种产品设计的基本要素是：功能、形态、结构、材料和工艺。

1. 功能（function）

对于任何设计而言，"功能"是一个无论怎么强调都不为过的要素。产品的存在价值即满足人们的目的与需求，这一点需要功能来实现。功能，可以理解为产品的用途、作用，它能解决的主要问题。比如，闹钟的功能是显示时间，并能在设定的时间发出提醒；跑鞋的功能除了保护脚部、便于走路或运动之外，还需要能在运动时发挥足够的缓冲性等辅助作用。由于慢跑是双脚直线式的运动，而且跑步时，落地的脚掌必须承受体重 3~4 倍的重量，所以在慢跑鞋的设计上，都会有两个主要的功能重点：脚尖着地时所需的稳定、弹性效果，以及鞋后跟的散震、吸震功能。特别是后脚跟的散震与抓地力功能，可以让脊椎免于承受过重压力而疼痛或变形。另外，由于慢跑者的运动时间较长，且运动部位着重在下半身，所以鞋面应选用通风质料（图1-18）。

功能是区分产品类别的主要标准，比如能用来支撑身体某一部分起到放松身体作用的产品，都可以称为"坐具"。电脑椅、沙发、圈椅、罗汉床、高脚凳、折叠板凳……都符合上述功能，因此都可以被归类到"坐具"当中。但由于它们在材料、结构、形式、工艺以及使用环境、目标用户等方面具有显著差异，因此被分别称以不同的名称（图1-19）。

图1-18　Asics公司的顶级跑鞋系列Kayano 19

图1-19　各式各样的椅子设计

对于设计初学者而言，在进行产品设计时，"功能"是最基础，也是最重要的一个要素，是必须解决的首要问题。功能是设计的"皮"，其他的要素，比如形式、材料、结构、工艺等，相对于设计的功能而言，只是附加之物。功能是根本，它与其他要素的关系，相当于皮与毛的关系，俗语说"皮之不存，毛将焉附？"如果你设计的椅子只是好看，但无法支撑身体达到休息、放松的目的或无法满足其他情感化需求，无疑是失败的设计。

2. 形态

产品的"形式"，也常称为"形态"或"造型"，指的是产品外部呈现出的整体样貌，是一种三维的、实际存在的物理特征。同时，"形态"也可以分开来理解，"形"是产品的外形；"态"则指产品可感觉的外观情状和神态。关于产品形态与功能的关系，有一个基本原则值得初学者牢记，即所谓"形式追随功能"(form follows function)，也可理解为"功能决定形式"。这是美国芝加哥学派设计师沙利文（Louis Sullivan）在 1896 年提出的，并将之作为建筑设计的定律。在产品设计初期阶段，这一原则有助于帮助初学者把握形式与功能的关系，时刻不忘"功能第一"的基本原则。产品的形式可以千变万化，发挥设计师的奇思妙想，但前提是形式必须能发挥或有助于表达产品所具备的功能。

比如马克杯（图 1-20），它的功能比较单纯，就是喝咖啡或其他饮料，但它的形式具有无限种可能。比如材质的更新，有玻璃的、陶瓷的、金属的、塑料的，不同的材质会表现出差异化的形式感；再比如色彩、图案的表现，都可以充分发挥设计师的灵感与想象力，但必须要保证其基本功能的实现——盛装液体、方便饮用。换言之，咖啡杯的形式可以天马行空，但最低限度是，底部必须密封好，否则液体会流出来，而这可能就是马克杯形式的唯一例外。除此之外，形式的选择与决定还要充分考虑与使用环境的氛围相协调、满足既定用户的审美偏好与情感诉求（图 1-21）。

图 1-20 普通的马克杯

3. 材料

我们都听说过石器时代、青铜时代与铁器时代。人类史前时代的划分，通常按照丹麦考古学家克里斯蒂安·汤姆森（Christian J. Thomsen）在 1836 年提出的"三代法"，即根据人类使用主要工具的材质，将史前时代划分为三个时期，分别称为石器时代、青铜时代和铁器时代。人类用材料命名时代的做法，说明了材料的发展很大程度上关系着技术的进步、时代的发展。

远在石器时代，原始人类就使用棱角尖锐的石头作为狩猎的武器。这是人类最早利用石头的自然形态造型，即利用锋刃的形态，目的为了抵抗野兽入侵以及获取食物。公元前 4000 年，人类开始用火加热泥土从而制造陶器。制陶术的意义，不仅在于人类能够制造新的材料，同时

图 1-21 具备多样功能与用途的咖啡杯设计

也表明了人类开始掌握材料加工的技术。制铜技术是在制陶术的基础上发展而来的。材料性质的革新，使得造型的选择性更多，也出现了更多细节精美、造型考究、艺术水准极高的青铜制品。到了铁器时代，铁的硬度和韧性较高，加工性能好，成本低，出现了以铁为主的一系列金属与合金材料。到了 18 世纪英国工业革命时期，人类发展了以煤炼铁的新技术，获得了性能强大而廉价的钢材，社会化制造技术得到了长足发展。这为批量化、标准化、机械化的早期工业设计奠定了坚实的材料基础。

产品的材料是指构成产品本身的原始物质。石头、陶瓷、青铜、钢铁都是材料的不同种类。材料的性能对产品的制造装配、模具浇铸、形态构建以及结构等都具有关键影响。是否能够创造性地

将材料的价值应用到相应的产品上，往往能够决定设计的创新性程度。产品设计涉及的主要材料有金属、塑料、陶瓷、木材、玻璃5种（也有将纸张、纺织品等纳入其中的说法）。不同的材料具有相对稳定且差异化明显的物理及化学性能。设计师要对以上5种材料的形式特点、加工性以及工艺特性做到基本而全面的掌握，才能有能力将纸面上的概念草图转化为生产线上的真实产品。

可以说，每一种新型材料的出现预示了一种技术的革新，甚至是设计的创新，比如20世纪出现的塑料、纳米等材料。伴随这些材料的出现，总有一批先锋设计师勇于探索并尝试，设计出留名设计史的经典产品。即使是面对大众熟悉的材料，比如泡沫或纸张，也能通过巧妙的结构与工艺处理，展现出特殊的材质美感，比如日本设计师吉冈德仁（Tokujin Yoshioka），出于对材料特性的充分理解与尊重，创造出一系列美感独特的椅子，包括有名的"卷心菜椅"（cabbage chair）、"蜂蜜溢出椅"（honey pop chair）以及"面包椅"（bread chiar）（图1-22）。

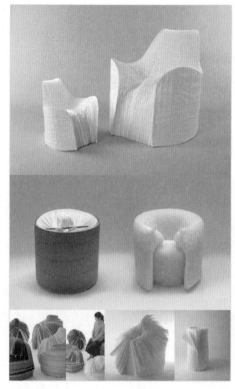

图1-22 日本设计师以材料创新为契机设计的各类仿生椅子

4. 结构

结构是指产品系统内部各个组成部分的搭配与排列方式及其相关关系；也可以将"结构"二字分开理解为结合与构成。一般而言，对于工业设计专业的学生来说，首先需要掌握以下几种基本结构：① 壳体与箱体结构；② 连接与固定结构；③ 连续运动结构；④ 往复间歇运动机构；⑤ 密封结构；⑥ 安全结构。

对于结构外露、结构即形态，甚至结构决定形态的家具设计而言，结构知识的重要性更为突出。因为板式家具的构件结构、框式家具的榫卯接合结构、柜式家具的装配结构、抽屉结构、门页结构及其接合方式等，将会直接决定家具设计的综合质量，包括功能的实现、材质特征的表达、形态的完整度等。

能否掌握产品的结构知识，将决定设计师今后的事业高度。大部分设计专业的学生毕业以后都只能承担与造型设计、美感等相关的工作，无法在整个产品设计周期中全程参与并发挥作用。很多设计师可以画出一套赏心悦目的效果图，却无法拿出一套规范的、符合行业标准的、可以用于指导生产制造的工程图。对于结构的掌握，要求在大学四年的学习过程中，要尽量涉猎并实践机械制造、电子工程、材料工程等学科的知识包括技能。

如图1-23所示，该椅子由布拉姆·格南工作室（Studio Bram Geenen）操刀设计，设计方法上遵循了西班牙天才设计师高迪在教堂建筑设计中曾经采用的原理。具体而言，将吊链从上而下自由垂吊，让重力来确定整个形态之中最强健的结构部分，从而确定整体形态当中肋结构的位置与比例。这把凳子的设计也运用了"链结构模型"（chain-model），通过软件的脚本自动生成肋结构，并在凳子的底部背后自动生成复杂的受力网格。这个项目作为"未来结构主义"（furnistructures）倡议的尝试之一，取得了美感与力学平衡的优雅形态。该倡议致力于研究未来结构生成的系统与方法，用在自然界以及建筑工程中发现的原理，优化改良之后来设计一些轻巧但耐用扎实的家具。该设计的整体材料是碳纤维，主体结构是薄壳，凳子主体底部背后的白色光束式网格结构完美抵消了外壳歪曲的力，达到平衡。快速成型技术以及碳纤维材料的运用，很好地同时实现了凳子的轻质与高强度。

随着"分享"以及"手艺等同情感"等概念的深入人心，在当代家具设计行业里，消费者与设计师的关系也变得越来越模糊。设计师对于设计知识的优势从之前的审美更多地偏向现在的技术与结构指导。审美的选择，留给见仁见智的消费者。OpenDesk 是一个由英国建筑师与家具设计师组成的合作平台以及开源设计项目。他们背后的技术支持来自于 FabHub 数字化制造平台，集中了各种技术，比如数控加工、3D 打印、激光切割等。设计师可以利用 FabHub 平台优化其设计创意。普通消费者借由 OpenDesk 网站，即可找到心仪家具的工程制作图纸和装配示意图，通过远程打印与数控切割或求助于当地家具工匠和工作室，制作出家具的基本结构模块，在家里进行自由组装。在整个购买过程中，收费环节十分透明，加工方式也更为灵活（图 1-24）。

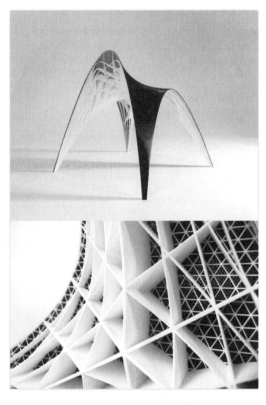

图 1-23　由布拉姆·格南工作室（Studio Bram Geenen）设计的极具结构美感的椅子

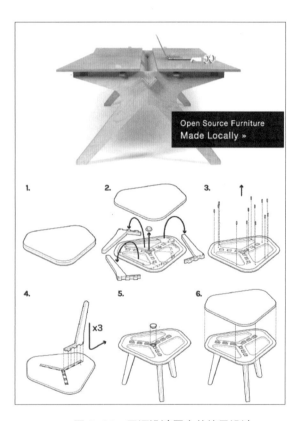

图 1-24　开源设计平台的椅子设计

OpenDesk 对于消费者来说，当然是个福音，它很大程度上减少了中间销售环节。家具从 OpenDesk 的线上工厂到消费者手里，没有其他的成本增加因素。但对于设计师而言，无疑是一个挑战。首先，设计师除了提供美观的造型之外，对于结构、材料、工艺等环节的知识与技能掌握要更加娴熟。另外，除了美观与实用之外，OpenDesk 的家具必须能够在装配之前完全拆卸为方便运输的各个部件。各个部件之间如何实现稳定且灵活的连接状态，值得设计师深入研究。

再来认识一款被称为"工业设计师梦之椅"的产品，由赫曼·米勒（Herman Miller）公司推出的人机工程学座椅系列之米拉椅（Mira）。2003 年由米勒公司的设计师团队和德国设计公司（Studio 7.5）合作研发。米拉椅的背后网面能自动贴合并弹性支撑每一位用户的背部，并提供了被动调整与主动适应的动态创新系统。椅子的各部分尺寸、结构全部依据先进的人机工程学要求，为长时间乘坐提供舒适、健康的体验。仅从米拉椅的外观形态就能看到如此复杂的结构，椅子的结构即等同于外观形态。图 1-25 是米拉椅的外观整体与拆卸图，如果设计师无法掌握与此款椅子相关的结构知识与工艺技能，那么米拉椅的设计就是根本不可能完成的任务。

图 1-25　赫曼·米勒（Herman Miller）公司设计的米拉（Mira）人机工程学座椅

5. 工艺

"任何一种技术做到极致都是艺术"这句话也许能够帮助我们了解工艺与设计之间的亲密关系。又或者，当满怀热情的设计师提出一个创意十足的概念时，冷静务实的工程师首先会考虑的问题是："这个方案可行吗？"这里的可行性实际上指的就是工艺问题。

工艺（制造工艺），狭义上指的是加工方式，针对不同的功能、材料、结构、形态所确定的制造与生产产品的方式。换言之，工艺是将设计师脑海中的想法、纸面上的草图、简易模型转变为可以量产的真实产品的唯一途径。到底有多少种加工工艺？可能无法穷尽，但我们可以按照产品的造型构成来区分加工工艺的种类，比如通过切割固态材料上的某些部分来进行的塑型加工工艺，具体包括机械加工、计算机数字控制 (CNC) 切割、电子束加工 (EBM)、车削、盘车拉坯以及等离子弧切割等。其中，机械加工又包括车削、镗削、镶边、钻孔、铰、铣削和拉削等具体工艺。除了对固态材料的切割工艺之外，还有对片材（sheet）的切割工艺来达到塑形的目的，具体包括化学铣切、模切、水射流切割、电火花线切割 (EDM) 与电火花切割（RAM）、激光切割、氧乙炔切割、金属片成型、热弯玻璃、金属旋压、金属切割、热压成型、超级铝成型、爆炸成型、充气式金属、胶合板弯曲以及胶合板深度立体成型。除了以上两大类之外，还有一些加工工艺包括连续(continuous)、薄壁中空(thin & hollow)、固态（into solid）、复合（complex）以及高级加工（advanced）等方式。各种工艺的详细操作方式、适用范围以及相关案例，可参考本章最后的"推荐课外阅读书目"。

由美国设计师安东尼·麦格利卡（Athony Maglica）在 1979 年设计的迷你手电筒（Maglite），美感突出，工艺精良，采用了大量金属余料生成技术，特别使用了车削工艺，在手部抓握的位置特别设置了防滑的纹理，是在主体成型之后采用滚花工艺制成的（图 1-26）。

图 1- 26　以精湛工艺著称的 Maglite 手电筒

罗萨里奥·乌尔塔多 (Rosario Hurtado) 和罗伯托·菲奥 (Roberto Feo)1997 年在伦敦成立了他们的设计工作室

（studio EL Ultimo Grito）。这款格里托（Grito）吊灯（图1-27）2003年设计并生产推出，灯罩表面采用阳极氧化处理，内表面经过粉末喷涂。绝大多数台灯外罩都是通过金属旋压加工生成的，这款吊灯在工艺上的独特之处在于通过激光切割形成的缺口。通过这一缺口，很好地展现了金属旋压的成型过程与效果。此灯罩的造型很好地诠释了加工工艺的精妙之处。

图1-27　Grito吊灯与设计师

2008年乔纳森在一次活动中谈到当时苹果最新的"一体成型"（unibody）加工工艺。不同于传统加工工艺将多种金属片材堆砌在一起的做法，"一体成型"工艺是在做减法——将厚金属的单一部件块慢慢掏空、切割为整体的框架。经过9道铣削工艺，让本来由6个零件组成的框架部分用一个零件代替。这个完整的框架形成便携设备轻薄的外形，同时也是该设备的主要结构。将整个装备的不同组件，比如键盘、触控板、电路板以及光驱等，组成一个整体。

苹果公司2013年发布了全新的专业级电脑Mac Pro，类似垃圾桶的圆柱形外观让所有懂行的工业设计师惊叹不已。一次成型的圆筒铝制机箱，由一块圆饼状的金属铝块冲压而成，要经过酸洗、切削、抛光、激光切割等多道复杂工艺之后才能实现类似玻璃般光泽的表面质感。实际上，上述工艺在普通工厂也能够轻易实现；但只有苹果才能制造出Mac Pro，因为它将制造工艺、高精度、大批量生产以及艺术化的设计理念融合在一起。而制造工艺与高精度的大规模生产以往只局限在航天航空、医疗器械等行业。Mac Pro的设计与制造体现了高难度、高精度的现代工艺水平（图1-28）。

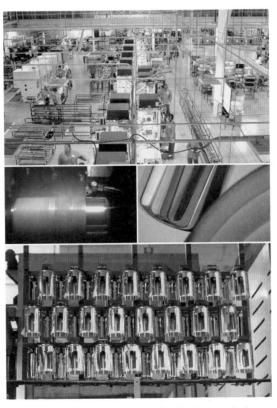

图1-28　Mac Pro的生产车间（2013年）

3D打印技术属于快速成型技术的一种，它是以数字模型文件为基础，运用粉末状金属或塑料（将来还会有更多新的材料适用于3D打印技术）等可粘合材料，通过逐层堆叠累积的方式来建构物体三维外观属性的技术，也称为"积层造型法"。现在在一些高价值行业已经发展出了逐渐成熟的应用，比如在医疗行业打印制造各种关节、假肢、血管，甚至牙齿；在航空航天领域打印制造飞机或飞行器的零部件；以及在军工行业打印制造各种轻型武器等。未来它必将极大地改变制造业、时尚产业、建筑行业、设计行业，以及普通民众的日常生活。想象一下，家里使用了5年的洗衣机的某个零件突然坏了，市场上也已经找不到该产品了，这时候一台3D打印机就能很快帮你打印出来一个全新的替代品，只要你能找到或绘制出该零件的施工图纸。除此之外，儿童玩具、纪念品、小型的日常用品比如菜篮子、花瓶、耳环、项链等也都可以借助3D打印技术轻松实现（图1-29）。

图1-29 日渐普及的3D打印技术，从上而下依次是：骨折肢体固定装置、首饰、高级晚装、家具、灯具

6. 个案分析

下面，我们将以"手动削笔器"这个小巧简单的产品作为个案，从功能、形态、材料、结构等4个方面来剖析它作为产品的基本要素，帮助大家从学会用设计师的角度来认识一款产品。

· 功能

手动削笔器运用了杠杆原理，在刀具的延伸部分加上手柄。除方便使用者转动刀具外，亦同时把扭力增大，可减少削铅笔时所需的力气。公式如下：

$$力矩 = 力 \times 距离$$

即实际作用在铅笔上的力等于我们所付出的力乘以手柄的长度。所以手柄越长，力矩越大。

· 形态

采用塑料制作手动削笔器外壳，小学生群体是这类产品的目标用户，色彩鲜艳的产品是这类用户的主要情感需求。在开发塑胶产品时，在模具制成后只需注入不同的塑胶原料便能造出形状相同而物料不同的产品。另外，塑胶原料只需加入不同的颜料（色粉）便可造出不同颜色的产品。

· 材料

手动削笔器的外壳多以聚丙烯（PP）塑料或ABS树脂为原料。前者成本较低，后者则较耐用及美观。ABS树脂是一种比较常见的热塑型高分子材料，其学名为丙烯腈-丁二烯-苯乙烯共聚物。ABS树脂具有强度高、韧性好、易于加工成型等工艺特点。

· 结构

手动削笔器外壳的主要用途是支撑整个铅笔削的零件及把刨屑密封起来以免四散。面对学生用户群体，安全是非常重要的考量因素，因此外壳的主要作用也是遮盖削笔器的锋利刀具，所以要把它密封起来，避免意外发生（图 1-30）。

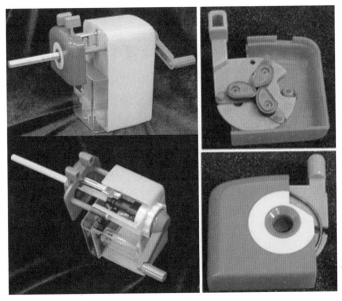

图 1-30 手动削笔器的形态与结构

看了这个简单的案例，是不是觉得产品设计比之前想象得要复杂一些？即使是最简单的产品，也不只是外观和色彩的问题，设计师要综合考虑用户特点及其需求、功能实现、形态美感、材料选用、结构设计以及工艺选择等。上述产品设计的基本要素也为设计师的技能提出了基本要求。换言之，作为一名设计师，所有涉及功能、形态、材料、结构以及工艺的知识与技能都是应该掌握的基础内容。

1.4 设计，学什么

在英国设计教育界有一个说法："T 型设计师"，指的是设计师不仅要在广度上对设计领域的知识、技能、信息、方法等都有所了解，还要在深度上对设计有深入的领悟与掌握，并作为自身的专长。作为设计专业的学生，尽早了解在大学四年应该掌握哪些技能或知识，以及市场对于毕业生的期望，将是裨益颇丰的事情。

美国工业设计师迈克·迪图洛（Michael DiTullo）将设计师的角色看作一个能够跨越多个领域、掌握多种技能的多面手（图 1-31）。设计师要掌握视觉传达与沟通的技能，能够通过二维或三维的视觉媒介来建构关于创意与概

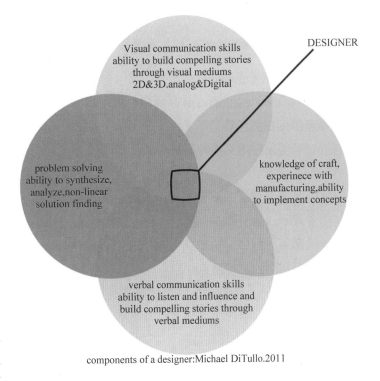

components of a designer:Michael DiTullo.2011

图 1-31 设计师的知识与能力构成示意图

念的故事；设计师要掌握工艺的知识，有经验、有能力参与制造的环节，将概念现实化；设计师还应掌握语言沟通的技巧，既能很好地倾听客户的需求，也具备足够的说服力去执行自己的创意；设计师最重要的角色是问题解决者（problem solver），能够对现状与问题进行综合分析，并得到不滋生新问题的解决途径。

一般而言，大学四年要学习的专业内容可分为 4 个方面，分别是：设计常识、设计知识、设计技术、设计能力。以上 4 个方面是所谓"专业基础"的核心内容。

（1）设计常识：包括设计史、艺术史、建筑史、技术简史、美学、设计文化、商业认知、市场营销等。

（2）设计知识：包括色彩与材料的选择、力学结构、基本制造与加工工艺、造型与生产理论、设计流程与设计合作、人机工程学、设计研究与方法、用户研究、设计思维及其方法等。

（3）设计技术：包括手绘表达、思维导图、图文排版编辑软件、平面设计软件、CAD 工程制图、三维造型软件、后期渲染与动画软件、摄影、模型制作、口头简报与陈述（briefing & presentation）、书面汇报等。

（4）设计能力：这是设计学生"专业基础"中最为核心，同时也是最难的部分，主要指的是高质量的设计思维及其方法，当然也包括在团队中工作的合作能力与态度，具体包括发现与定义问题的能力，发展设计解决方案的能力，使用创造性思维与方法解决问题的洞察力、决断力以及执行力，分析问题的方法，资讯整理与归纳的能力，方案评估的能力，说服力，美学判断力与敏锐的品位等。

我们从产品设计的流程来看设计师应该具备哪些知识与技能，是更为直接与可行的方式，因为设计师确实是产品设计流程的主导者。在美国工业设计协会会员、波士顿 Essential 设计咨询公司的联合创始人斯科特·斯博凯（Scott Stropkay）看来，设计师应该具备基本的技能承担以下具体工作，从而参与到完整的产品设计开发流程当中。

（1）定义问题（define the problem）：通过用户研究，去了解使用产品或服务的人群的需求以及目标来定义设计需要解决哪些问题。

（2）创意冥想（ideas incubation）：通过头脑风暴（brainstorm）以及其他可能的创意化方式去思考如何解决问题。

（3）视觉化（visualization）：通过草图、示意图、图标、信息图、思维地图（mind map）等方式将概念、思考的过程和结果予以视觉化呈现，辅以口头表述等方式。

（4）构建原型（prototype）：通过各种原型方式来检验创意的合理性与可行性，包括制作并使用纸模型来探讨结构与形态的关系；用故事板来表述产品未来的使用场景；用电脑模型或动画来展示最终模拟的效果；使用其他常用材料，比如泡沫、油泥以及数控设备，包括 3D 打印机、快速成型机等来制作简易模型。

（5）用户反馈（user's feedback）：邀请目标用户来试用产品的样品或原型，采用观察法、访谈法等方式检测他 / 她们是否喜欢，以及还有哪些需求缺口有待进一步完善。

（6）设计优化（refine）：结合用户反馈的意见，进一步发展、完善产品，这时候要更多地与工程、制造以及商业领域的专业人士合作，并倾听他们的意见。

对设计专业的本科生而言，设计常识与知识可能在研究生或工作阶段还需要进一步拓展与深入；但设计技术与能力则是走出校园、步入行业成功就业的敲门砖。动手能力以及思维方式是很多设计公司在人才选拔时最看重的两个基本功。因此，在四年本科学习阶段，大量的课程设计、工作坊、课后作业，包括一些参观实习等实践机会都是大家练好技术的必需途径。

本章重点与难点

（1）从生活的角度认识设计的日常性；能有意识地、轻松地从生活中找到设计的案例。

（2）理解设计定义的多样性与复杂性；从众多设计定义的学习中，尝试形成自己对设计的初步认知及其定义。

（3）理解产品设计的基本流程；重点掌握"以问题为中心"的设计程序：发现问题、思考问题、解决问题。

（4）掌握产品设计基本要素的基本含义，重点掌握"功能"的概念及其对于产品设计的意义；能够针对某一个具体产品，分析其5大基本要素的构成及其特点。

研讨与练习

1-1　发现身边的设计：选择一个日常生活中你最喜欢用的物品（要求是实物），从设计师的角度对其产品设计的基本要素进行分析。

1-2　基于你对生活的感悟以及对设计的初步认识，请试着从两个角度——设计作为规划、设计作为实用艺术——对设计做出定义。

1-3　从本章中选出你最认同的设计定义与设计流程，要能分析原因并提供自己的见解。

推荐课外阅读书目

［1］［美］保拉·安东尼利. 日常设计经典100 [M]. 东野长江，译. 济南：山东人民出版社，2010.

［2］［日］原研哉. 设计中的设计 [M]. 革和，纪江红，译. 桂林：广西师范大学出版社，2010.

［3］［美］赫斯科特. 设计，无处不在 [M]. 丁珏，译. 南京：译林出版社，2009.

［4］［英］克里斯·拉夫特里. 产品设计工艺：经典案例解析 [M]. 刘硕，译. 北京：中国青年出版社，2008.

［5］［英］罗伯特·克雷. 设计之美 [M]. 张弢，译. 济南：山东画报出版社，2010.

第2章 形态与美感

第1章我们从感性与理性的角度对"设计"进行了初步认识，也学到了很多关于设计的定义。这一章，我们将从另外一种关于"设计"的新鲜的视角出发，从美的维度来认识设计。实际上，不论有多少设计的定义，几乎所有人都认同这样的看法："设计是什么"姑且不论，但它的一面总是与科学相关，另一面则与艺术相关、与"美"相关。如果说"设计"是一枚硬币，那么一面是科学，一面是艺术；设计兼容了科学与艺术两个领域的诸多特点，传统说法认为设计是艺术与科学的结合。在本章将会主要介绍设计的艺术属性——设计的形式美感。

无论哪一个领域的设计师，其任务都不外乎是以"产品"为中心，协调功能与形式、技术与美感等二元关系的平衡。比如建筑工程师的首要关注并不是形式美感，但也能从科学与技术的角度出发，建造出世界上最美、最有趣的桥梁（图2-1）。交互设计师关注行为，关注用户与产品的对话关系；交互设计的最高目标是让人与产品之间形成一种默契、微妙、持久且直觉的对话。让用户在使用产品的时候能够感叹"天啊，我的手机（计算机）竟然这么懂我"才是美的交互设计。这种对于产品近乎完美的体验，是一种结合了技术与美感的双重设计。设计师既要了解心理学、懂得软件架构以及编程的技术，还要对视觉美感的认知规律了如指掌。哪一方面做得不够，都无法为用户提供富有美感的体验。不论是谷歌公司推出的具有革命性意义的穿戴式设备产品谷歌眼镜；还是改变了智能手机全球格局与方向的苹果手机（图2-2），既是硬件设计的成果，同时不论是造型、界面、体验，还是工艺，无处不体现出美感。时装设计师关注的是纺织材料的视觉和感觉特点、衣物与身体尺寸的契合以及与

图 2-1 巴黎塞纳河上的"蹦床"桥

消费者心理个性的匹配，同时时装设计师也要了解先进的生产技术与工艺，比如在 2012 年开始逐步进入人们视野的 3D 打印技术 (图 2-3)。脑科医生被认为是顶尖理性、冷峻的科学家群体之一，他 / 她们在显微镜下也能看到美到让人惊叹的脑神经网络 (图 2-4)。如果说，极致的技术往往能自然散发出美感；那么好的设计，也一定是技术与美的完美融合。美国认知心理学专家、设计心理学的启蒙者唐纳德·诺曼（Donald Norman）曾说："我们有证据证明，极具美感的物品能使人工作更加出色；让我们感觉良好的物品和系统更容易相处，并能创造出更和谐的氛围。"

当代社会，面对极为丰富的商品，消费者在审美方面的需求变得越来越高。特别是年轻一代消费者，面对同样的功能，他们更喜欢那些看上去更美的设计。视觉体验的愉悦性成为用户作出消费选择的关键因素。大家试着回忆一下你最喜欢的日常用品，它们在你心中一定是美好的。这种美好，既可

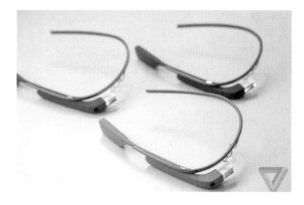

图 2-2　可穿戴式设备谷歌眼镜（Google glass）以及 2013 年风靡全球市场的苹果手机（iPhone 5S）

能来自于它所携带的回忆或故事，也有可能来自它本身的造型、它的质感、它精美的工艺。或者大家一定有这样的体验，当你在淘宝网进行网络购物时，面对同样的商品和价格，那些最先吸引你或更容易诱使你点下"添加到购物车"的商家，它们的店面是不是更好看一些，更精致一些，或者交互的体验更流畅一些？这些都是设计力量的表现。

在实际操作层面，有很多途径、手段和方法可以实现设计的美。在这一章，我们将会着重从形态、从产品有形的层面来讨论美感；另外，还会介绍一些基本的美感规律，帮助大家在初步接触设计之时，

图 2-3　3D 打印技术实现的鞋履设计

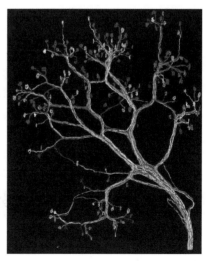

图 2-4　显微镜下的人类脑部神经网络

能够更直接地、更为简单地把握设计之美的基本要素。

2.1 形态：构成与分类

产品设计中的形态概念，指的是外在的表现形式，建立在外观基础之上，包括三维的空间尺度、质地以及使其成形的结构。设计中的形态，突出强调产品对于用户视觉上的感受及其产生的心理效应。

在众多关于设计的定义中，德国乌尔姆设计学院的第二任校长马尔多纳多（Thamas Maldonado）的观点最具形态感意味："设计是为工业产品确定形式特点的创造性活动。"产品的形态，往往是诱发美感体验最直接、最主要的因素。

意大利文艺复兴时期的建筑师则认为，人类本身是一切美的根基，"人是衡量万物的尺度。"建筑、雕塑、绘画、音乐等都会依据人体比例来确定形式关系。公元1世纪的罗马建筑师维特鲁威（Vitruvius）曾说："几何学是人类的足迹……除非神庙严格遵循一些身形匀称的人的有关原则，……只有身形匀称的人才能造出圆形与方形。"20世纪上半叶，现代主义设计运动发起人之一、建筑师勒·柯布西耶（Le Corbusier）曾尝试量化人类的比例尺寸，以辅助建筑与产品的设计（图2-5）。

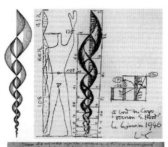
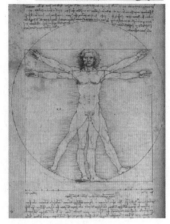

图2-5　人体比例尺度与达·芬奇画作《维特鲁威人》

科学家主张，人们对于美的欣赏能力完全来源于自然的进化。比如，我们看到春天里姹紫嫣红的花朵会觉得美，是因为我们知道这种现象预示了秋天果实的丰收；同样，我们觉得某人很有吸引力、很美，他/她的肤色光润、精神抖擞，说明此人的身体一定很健康，拥有良好的生育能力；我们还会利用蔬菜、水果的颜色来辨别其成熟或新鲜程度。

2.1.1　自然形态

图2-6　自然形态之雪花结晶

自然形态是自然界中各种客观存在的形态，由生物形态和非生物形态组成。前者多指具有生命力的形态，包括动物和植物；后者则指的是无生命力的形态，比如锦绣山河、蓝天白云、露水、雪花等（图2-6）。夏雨一阵滂沱之后，屋檐上的水滴在重力和空气阻力的作用下形成了球面和锥面的结合体，是一种具有空气动力学特征的流体形态，是自然形态的常见现象之一。自然形态在成形过程中，它们的尺度也会受到外力的干扰与约束，这里的外力来自于地球引力。例如，不管树木长得如何参天，也不可能无限向上生长，而是受到了无形的引力制约。但它们的形态仍然千差万别，为人类的艺术创作与设计构思提供了珍贵的灵感来源。

2.1.2 人造形态

人造形态是指人类通过一定的材料或工具，对自然形态进行模拟、改变、加工、处理而呈现的各种形态。所有设计产物，包括产品、建筑、空间、视觉图案等有形的事物，其形态都属于人造形态。仿生设计与流线型设计就是对自然形态及其规律的模仿，并将其形态特征运用到设计中的造型方法。

人造形态与自然形态的不同之处主要在于：首先，人造形态是人类有目的的劳动成果，服务于人的某种需求，比如石器时期的人制造出下端大、上端尖锐的形态，以形成匕首的锋利面，用于打猎或分割食物。美国苹果公司在领袖乔布斯的引领下，创造出 iPhone 手机长方形的形态，既提供了适宜的手感，也为手机功能的智能化发展提供了形态基础。然而，自然形态的东西并不以人的目的性和需求作为存在的前提，只是作为自身生存于自然界的进化反应（图 2-7）。

图 2-7 远古石器与当代智能手机

其次，人造形态作为人的有目的的创造，必然会带着人类的印记和社会文化的痕迹，表达了人类的需求、欲望、智慧、价值观念等。各国在其文化发展的历史过程中，都留存下了数不清的手工艺品以及工业产品。即使是功能相似的物品，由于不同的文化背景，也呈现出差别极大的形态特点。比如日常生活中常见的椅子，就有各种形态的外形，分别表达了各种文化的风格特点。如图 2-8 中，（a）为 18 世纪美国贵族饮茶用椅，日本装饰风格，1753 年；图（b）为美国家具设计师休·芬利（Hugh Finlay）1841 设计的餐椅；图（c）为丹麦家具设计大师汉斯·瓦格纳 (Hans Wegner) 1944 年按照中国明代家具风格设计的中国椅。

(a)   (b)   (c)

图 2-8 各时期经典座椅设计

2.2 产品设计的形态观

人们认知产品的主要途径是通过其形态，包括形状、色彩、质地、表面等可以被感知的物质要素等。产品形态可以发挥类似语言的作用，具有传递信息的功能：看到产品的形态，就能大概知道这个产品是什么、有什么功能、如何操作、使用人群、质量优劣、价格高低等。产品形态是产品与用户之间进行对话的首要媒介。一般来说，产品的形态取决于产品的材料特点、结构特征、加工工艺以及色彩形状等。同时，形态印象的获取又是一种对于产品的整体知觉。

比如图 2-9 中的产品，当我们看到它并注视几秒钟之后，请闭上眼睛根据短时记忆，回答以下几个问题：

它是什么东西？具备哪些用途？

它是什么颜色的？

它的彩色部分是什么？其他部分又是什么？

应该如何操作？为什么你觉得是这样？

它的质感如何？是金属的，还是塑料的？

它有 Logo 吗？在哪个部位？

它给你的整体感觉是怎么样的？请用 2~3 个形容词来描述。

它的使用人群是哪些？年龄、性别、地区……

它的质量如何？价格呢？

再来看看图 2-10 中功能相似的产品，还是用一样的问题来检测产品形态留给用户的初步印象。

图 2-9 婴儿餐具

图 2-10 美国设计师托马斯·斯蒂尔（Thomas Steele）19 世纪 70 年代设计的银质餐具

仅凭几秒的印象，确切地说，仅凭几眼对于形态的观看，我们就能对一个产品形成如此丰富的印象。或许你也有这样的体验：当你在卖场、杂志、街边广告、电视剧、电影场景中偶然看到某种产品，你只是看到了产品景象（image），并没有机会拿在手上、穿在身上、放到家里的某个角落，就已经对产品产生出某种情感依恋。这就是形态的力量。哪怕仅仅只是转瞬即逝的几秒，也有可能让消费者作出购买的决定。换言之，如果这个形态传达出来的意义（设计师所希望的）与用户自主解读的意义之间形成巨大的反差，则说明产品设计不太成功，其形态需要进一步推敲，并进行调整。

既然产品的形态如此重要，那么到底是哪些因素对形态的影响力最大呢？这个问题可不只是读者脑海中的疑问，也一直是近现代设计师们不断探寻的设计奥秘。下面，我们将介绍几种曾经对设计史产生重要影响的形态观，或许可以找到一些回答上述问题的线索。

2.2.1 形式追随功能

形式追随功能（form follows function）这一原则几乎奠定了西方现代主义设计历史的基调。19世纪40年代，美国建筑设计师沙利文（Louis Sullivan）对这一概念的运用最为人们所熟知。他提出："自然界中的一切东西都具有一种形状、一种形式、一种外观造型，就告诉我们，这是些什么以及如何和别的东西区分开来……功能不变，形式就不变。"产品的形态由它的功能决定，也就是什么用途的东西就应该具有什么样的形态。比如货车的功能是运输，那么形态上一定要具备能够使货车向前运动的轮子以及能够装载货物的车厢。对于现代主义设计原则来说，产品形态不仅是由功能决定，也应该与材料的属性以及产品内部结构的特点相符合。金属材质的产品，在形态上就应该体现出反射度高、光洁闪亮的硬朗风格；同样，在结构处理上，也应该符合金属材质的特点，否则即使形态再美观，也是虚假的、不真实的、坏的设计。

包豪斯设计学院的第一期学生马歇尔·布劳耶(Marcel Breuer)毕业后留校任教，主持家具车间。布劳耶在1925年设计了世界上第一把用弯曲的钢管制成的椅子。布劳耶的设计风格曾受到瓦西里·康定斯基抽象派表现主义艺术观念的极大影响，因此这把椅子被命名为瓦西里椅（Wassily chair）（图2-11）。这款椅子结构清晰、造型优雅，极好地展现了金属钢管的造型潜力与力学属性。独树一帜的造型，真实地表达出椅子的材料与结构，成为20世纪现代主义家具设计的典型符号之一。

图2-11 布劳耶和他设计的瓦西里椅子

2.2.2 形式追随行为/行动

随着技术，尤其是数字技术的长足发展，很多功能不再需要特别复杂的结构或特殊的形态来实现，而是集中在一块方寸之间的电路板上。一个长方体形态，或薄或厚，既有可能是手机，也有可能是MP3，还有可能是平板电脑、移动电源、移动硬盘、闹钟、笔记本……几乎可以是具备任何功能的产品。图2-12所示为苹果公司在2009年推出的第三代iPod Shuffle，对于一个对苹果iPod产品没有任何背景知识的消费者而言，当看到这么一个长45.2mm、宽17.5mm、厚7.8mm的微型金属小盒子时，几乎无法判断它的功能与用途。换言之，仅凭产品外观形态，很难把它与音乐播放器的功能联系在一起。iPod Shuffle等产品

图2-12 iPod Shuffle 的产品外观及内部结构

的出现，也可以说是打破了"形式追随功能"的定律。iPod Shuffle的形式与其核心功能（播放音乐）之间没有任何的暗示线索，它很小，背后附有一个金属夹子，也许暗示了它可以夹在衣服、背包上面。但作为音乐播放器，形态上的暗示几乎没有，比如它的操作按键在哪儿？如何改变音量？如何按照

用户要求来有序或无序播放？苹果公司运用 VoiceOver 和 Text-to-Speech 技术来实现用户通过语音指令来播放音乐的功能。

形式追随行为/行动（form follows behavior/action）设计理念大概于 21 世纪早期由美国爱荷华大学艺术史华裔教授胡宏述提出，"行为"的概念主要针对于体现或运用了交互技术的产品。"行为"指的是，用户在面对产品时所表现出来的操作方式、使用习惯、动作秩序、认知心理等。产品的形态要尽量符合用户上述的行为特征，才能为用户提供完善、自然、流畅的使用体验。关于产品形式与用户认知、行为、行动方面的适应关系，感兴趣的读者也可以参考唐纳德·诺曼教授的"设计心理学"系列著作。

图 2-13　Windows 8 界面与 Mac OS X 界面对比

"形式不再严格地追随功能"的设计趋势，一方面更新了形态创新的可能空间，另一方面也对设计师与用户提出了新的挑战。对于设计师而言，要帮助用户尽快地理解新的产品，并学会使用与操作。以往的产品，其形态基本上直接反映出了使用方式，比如圆筒状的旋钮表示要通过旋转的方式来操作；扁平状的按钮表示可能需要点击或轻触的方式来操作，但是当用户面对一个没有任何按钮或形态提示的产品时，他/她要如何对产品施加行为？唯一的方式就是不断地尝试、试错。面对这些没有物理形态（硬界面）暗示的产品设计时，虚拟形态（软界面）的设计——UI，变得尤为重要。UI 指的是用户界面（user's interface），大家接触得最多的 UI 设计可能就是 Windows 系统或 Mac OS X 系统了（图 2-13）。即使在两种不同的计算机操作系统中，二维图案也基本上意指了相似的功能，比如垃圾桶的图案（形态）暗示了回收、删除文件的功能；单个人物的上半身剪影表示用户设置信息，多个人物的剪影则表示沟通、联系等社交功能；耳机符号或五线谱音符代表音乐播放功能；信封则表示邮件功能等。一旦这些图案形态代表的意义无法被用户准确地翻译为某种功能，那么这款产品的 UI 设计无疑是失败的，用户的体验也一定很糟糕。另一个伟大的发明与设计同样来自苹果公司，它们的拳头产品 iPhone 用界面与交互设计取代了传统的键盘或单纯的触摸屏，智能地响应着用户手指的自然运动，也催生了成千上万的应用程序（application，简称 App）设计。设计师要在一个方形的形状限制下，完成各种功能 App 的图标设计（图 2-14）。

图 2-14　iOS 系统的 App 图标设计

2.2.3　形式追随情感

　　形式追随情感 (form follows emotion) 的设计理念最先由美国设计咨询公司青蛙设计（Frog Design）的创始人之一哈姆特·艾斯林格（Hartmut Esslinger）提出。艾斯林格领导下的青蛙设计公司在 20 世纪 80 年代参与了苹果众多产品的设计，包括手机、个人电脑、平板电脑等，为 21 世纪苹果的众多产品奠定了重要的原型。青蛙设计公司 1985 年参与设计的 Baby Mac 个人电脑，一扫当时计算机造型的笨重感，大胆地采用白色作为主色调，再加上单纯、简洁、紧凑的产品外观，以及易于用户识别的计算机操作系统，轻而易举地成为时代的经典设计（图 2-15）。"形式追随情感"指的是产品的形式，不论简单或是复杂，不论是否完整地暗示了应有的功能或用途，最重要的一点是它要与用户在情感上实现直接的共鸣。人们选择某款产品，是因为这款产品符合自身的价值观、社会身份、职业特质等个性化信息，能够有效地帮助用户表达自身风格化的生活方式。

图 2-15　Baby Mac 个人电脑

　　"形式追随情感"表现出了设计作为沟通媒介的重要属性。通过迎合、满足、激发、对话各种情感心理，用户对产品及其品牌产生持续的情感依恋。有研究表明，苹果产品的用户对于品牌的忠诚度是最高的。大多数苹果产品的用户在手机、个人电脑、平板电脑、音乐播放器等产品的下一代更新的消费选择中，明确表示会继续选用苹果的产品。

　　另外，德国大众汽车公司的甲壳虫（Volkswagen Beetle）系列汽车也是情感化设计的经典。"volkswagen"的字面含义即为"人民的汽车"（people's car）。甲壳虫汽车的最初构想据说来自于臭名昭著的希特勒（Adolf Hitler）。1932 年，为了改善德国低迷的经济形势，希特勒认为应该有一款平民化、大众化的汽车，能为每一个普通的德国家庭所拥有。当然，最终将甲壳虫汽车的政治空想落实为产品还得倚赖工程师与设计师，1935 年费迪南·保时捷（Ferdinand Porsche）确定了甲壳虫汽车的引擎与系统设计，车身的原型设计由保时捷汽车公司的设计师团队厄尔文·柯曼达（Erwin Komenda）与卡尔·拉比（Karl Rabe）在 1938 年左右完成。甲壳虫汽车以其极富特色的曲线形态迅速赢得了市场，尤其是它的前脸设计也被消费者认知为"微笑上扬的嘴角曲线"，可爱、圆润、流畅的造型设计使得甲壳虫汽车在设计史上留下了成功的一笔。即使在汽车平民化发展如此成熟的今天，甲壳虫汽车作为小排量汽车的价格并不亲民，但依然阻止不了消费者对它的钟爱。人们对于甲壳虫汽车的偏爱，一方面来自其情感化的外观设计，一方面也来自近 70 年品牌历史的认可，更重要的是它与家庭生活的情感联系（图 2-16）。

图 2-16　甲壳虫汽车 Type 1

有理由相信，随着设计产业的不断发展、设计观念的逐渐成熟，"形式追随……"还会继续涌现出各种表达方式。无论是形式追随功能、行为/行动，还是情感，作为满足实际功能、解决现实问题的产品而言，以及作为设计的实用性而言，功能确实是产品在形态设计时需要优先考虑的问题。形态可以并不直接反映功能，但最低限度的原则还必须保持，产品的形态不应该有碍于功能的实现或表达。当形式与功能的基本关系确定以后，形式与行为/行动的和谐关系、形式与情感的呼应关系是更高阶段的要求，也是有助于提升用户体验的可靠途径。

2.3　产品设计的形态要素

人们如何认知产品的形态？一般来说通过两种途径：一种是有形的视觉元素，比如点、线、面、体，它们组成人们对产品"形"的认知；另一种是在这些视觉元素物理特点的基础之上，形成无形的心理感受，即"态"，比如轻巧、灵动、平静、流畅等。简言之，产品本身的视觉元素与用户形成的心理感受共同构成了产品的形态。

2.3.1　点

在几何学里，点被定义为没有长、宽、高而只具备位置信息的几何图形，也指代两条线的相交处或线段的两个端点。点在产品的形态设计中，往往起到画龙点睛的作用，一般多表达为视线的落脚点与中心。当画面只有一个点的时候，人的视线会自动聚集到这个点上，形成视焦点。点在画面的相对位置不同，会形成不同的心理动感。比如，位于画面上方的点，能产生提升、向下的动势；位于画面中间的点，具有稳定、严肃、暂时停顿的效果；位于画面下方的点，重心下移，符合稳定的心理认同，是一种较为稳定的位置（图 2-17）。

图 2-17　以点为元素的海报设计

再来看如图 2-18 所示的这款无线投影仪（OO HD wireless projector），它由以色列工业设计师大卫·里森伯格（David Riesenberg）设计。其造型酷似 UFO 的飞碟形态，俯视图呈现出完整的圆面，正视图中间的圆形摄像头也非常吸引眼球，位于画面正中间，展现出"舍我其谁"的霸气，视觉感强烈而突出。此款产品采用碳纤维材料制成，内置固态硬盘用于 3 小时不间断的高清播放功能。两个圆"点"的造型语素，生动切合了该产品的名称"OO"。

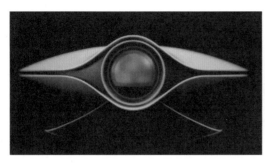
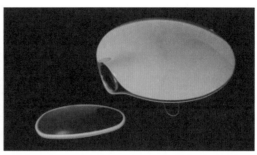

图 2-18　OO 无线投影仪

再来看几款 20 世纪 50 年代中后期收音机的经典设计，它们都采用了以点作为核心视觉元素的造型方法。图 2-19（a），1955 年，阿瑟·布朗（Arthur Braun）与弗里茨·埃奇勒（Fritz Eichler），"接收者 SK2"（Receiver SK 2）收音机；图 2-19（b），1956 年，德国乌尔姆设计学院（UIM），"输出者 2"（Exporter 2）便携式收音机；图 2-19（c），1956 年，迪特·拉姆斯（Dieter Rams），"白雪公主匣"（Snow White's Coffin）收音机；图 2-19（d），1958 年，迪特·拉姆斯，"T3 休整晶体管收音机"。

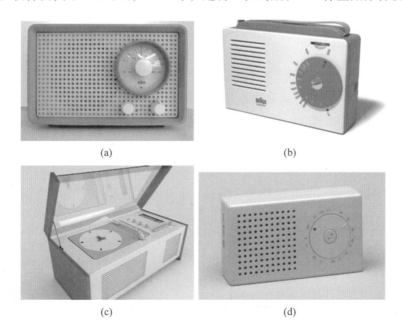

(a)　　　　　　　　　　　(b)

(c)　　　　　　　　　　　(d)

图 2-19　以点为核心造型元素的经典收音机设计

仔细观察即可看出，以"点"作为造型语素的关键在于，其他部分的造型语素与手段要尽量地单纯、简洁。要么以相对位置作为背景，要么以小尺寸的圆点排列作为对比，都是为了突出"点"的核心视觉地位。如果要在"点"造型的周围使用线型语素的话，则需要附加过渡的调和语素。比如在 1956 年的"输出者 2"便携式收音机设计中，左边面板是整齐的线元素，那么在圆形的调节面板周围配上呈反射状的文字条，则在视觉感受上，两者的搭配不至于突兀；1956 年著名的"白雪公主匣"也采用了相似的方法，为了使唯一的圆形（点状）能够有效地融入以长方形为整体感的形态里，设计师在圆形的光盘放置处下面又规划出一块倒圆角的方形，作为调和圆、方两者的过渡形态。

2.3.2 线

线，在几何学定义中指的是一个点任意移动所构成的图形，其性质并无粗细的概念，只有长短的变化。在平面设计中，线是表现所有图案应有形状、宽度以及相对位置的手段；在产品设计里，线是构成立体形态的基础；在立体形态中，"线"要么表现为相对细长的立体，要么表现为面与面之间的相切线，又称为"轮廓线"。线，是最易表达动感的造型元素。线在形态中有两种存在形式，一是直线，一是曲线。

直线，是一种相对安静的造型元素，具有稳定、平和、单纯、简朴等感觉。从方向感来看，直线还包括几种变化形式，即水平线、垂直线、对角线与折线。以直线为主要造型元素的产品，容易表现出简单、坚定、硬朗、清晰等传统认知中的"男性气质"。发端于 20 世纪 20 年代的现代主义设计，绝大多数设计师都诉诸直线或规律的几何形态来突出对于机器美学的追捧、对天下大同的美好追求，以及对未来生活的坚定信心。

齐格字形椅（Zig-Zag chair）是 1934 年由荷兰风格派设计师格里特·里特维德（Gerrit Rietveld）设计的（图 2-20）。该设计采用了极简主义设计风格，整个椅子没有严格意义上的椅腿，而是由四块平木板，首尾采用燕尾接头法，侧面呈现出字母 Z 字形，全部由直线构成。里特维德的另一个直线风格的椅子更为有名，即享誉 20 世纪、成为风格派最著名的典型符号，并对 21 世纪的设计文化仍然发挥着重要影响力的红蓝椅（red and blue chair）。这把椅子现在被多个博物馆收藏。按照纽约现代艺术博物馆（MOMA）的介绍，在这把椅子中，里特维德借鉴了他在建筑设计中的手法，考虑了线性体积的运用，以及垂直与水平面的相关关系。这把椅子在 1918 年首次设计，不过最初的版本并没有颜色。后来受到风格派运动最重要的精神与实践导师蒙德里安（Piet Mondrian）及其作品的影响，于 1923 年上色完成。里特维德希望所有的家具都能最终实现大批量生产、标准化组装，以实现设计的民主化，为更多普通家庭所拥有。同时，这把椅子中近乎疯狂的直线运用，实际上表达了设计师更为宏大的理想：通过单纯的几何形态来探索宇宙的内在秩序，并创造出基于和谐的人造秩序的乌托邦世界，以修正欧洲因第一次世界大战而造成的满目疮痍。以直线为主的造型要素，在里特维德等风格派设计师眼里是用来探求无限宇宙规律的必要手段（图 2-21）。

图 2-20　Zig-Zag chair

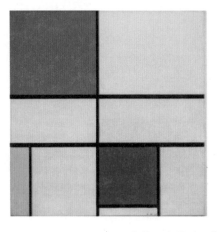

图 2-21　蒙德里安的油画作品与里特维德的红蓝椅

看完经典，我们再来看以"线"为主调的当代设计。在灯具设计里，线，尤其是略具变化的多线排列是最常用的造型手段。多线的运用既能体现出一种断续的光感，凸显出光线的朦胧美，又能在静态的灯具中增添一丝韵律与节奏，静中有动。

图 2-22 中所示壁灯由 Secto 设计公司的设计师柯霍（Seppo Koho）设计，用手工制作的层压桦木板条排列而成。

图 2-22　层压桦木板条手工壁灯

图 2-23 中所示椅子（名为 Armadillo and Lodge）由萨尔瓦多共和国的设计师波蒂略（Baltasar Portillo）设计。它借鉴了类似跨海大桥的结构，为用户提供一种毫无阻挡的造型，不论放在任何风格的室内空间或户外，都会很好地融合到大环境之中。它的结构暴露在外呈现为形态本身，线形金属之间构成的几何网格显得轻盈灵动，且丰富了椅子整体的视觉感。

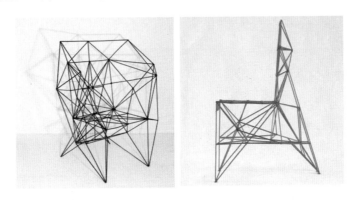

图 2-23　线性造型椅子设计

"卢米奥"（Lumio）由美国旧金山的工业设计师谷纳万（Max Gunawan）设计，是一款借鉴了书本造型与开合方式的便携式多用途灯具（图 2-24）。通过展开的角度与放置的地方来改变光线强度、角度与方向。翻开"书"，灯即亮；合上，即灭。在形态上，卢米奥采用了类似书页的面造型，但从视觉上，线形态的视觉感要更为突出一些。在光线的衬托下，每一张纸的边缘都呈现出一条清晰的轮廓线，显得灵动而优雅。

与直线的利落与干脆不同，曲线在产品造型中更容易引起动态、曼妙、神秘等视觉心理，也被更多地运用到面向女性消费者或强调浪漫、私密感的室内空间等用户人群或场所。曲线又分为几何曲线和自由曲线，前者更为规整、有序，表现出规律性；后者则更为自然、无序，表现出生命力。

美国著名设计师夫妇埃姆斯（Charles & Ray Eames）一辈子设计了众多功能适宜、造型优雅的家具，成为美国 20 世纪 50 年代中产阶级家居文化的代表。图 2-25 所示为 1948 年的贵妃躺椅（La Chaise），也被称为"云椅"，灵感来自于雕塑家加斯顿·拉雪兹（Gaston Lachaise）的作品。椅子造型的曲线运用几乎炉火纯青，流畅又富有动感，由于工艺复杂、造价昂贵，据说直到 1990 年才正式投入批量化生产，进入市场。

图 2-24　卢米奥（Lumio）台灯设计　　　　图 2-25　经典"云椅"（La Chaise），1948 年

图 2-26 所示这一组木皮灯的概念设计来自意大利设计师恩里克·赞欧拉（Enrico Zanolla）的创意。这些灯具的造型元素均来自于自由变化的曲线，通过差异化的受力方向与方式呈现出艺术化的美感。这一系列灯具设计的形态表现出动感、优雅、灵动、简洁又不失趣味的特质，而这些也都是曲线的魅力。

图 2-26　木皮灯灯具概念设计

2.3.3　面

　　面，指的是线在移动后形成的轨迹集合，是一种仅有长宽两种维度，没有厚度的二维形状。在产品形态中，面表现为长宽构成的视觉界面，即使有厚度，在一般情况下也大致可以忽略。面即形的再现，一般两者通用。按照不同的形成因素，面可以分为几何面与自由面，前者表现为圆形（面）、四边形（面）、三角形（面）、有机形（面）、直线面与曲面等，后者则是任意非几何面，包括徒手绘制的不规则面和偶然受力情况下形成的面等。

不同的几何面在产品造型的运用中会激发出不同的心理感受，比如圆形容易体现出韵律与完整感；四边形则显得整洁与严谨；三角形凸显出稳定、向上、坚强等特质；有机形显得自然又富有生机；曲面显得柔和而富有动感。如图 2-27 所示为仍处于原型设计阶段的概念自行车 Di-Cycle。此产品不仅颠覆了普通自行车两轮的相关关系，而且极大地强化了轮子的"圆形"形态特点，形成该产品最突出的视觉特点与记忆符号。如图 2-28 所示电视机在造型上的最大特点即采用了多个三角形作为形态要素，比如满足稳定结构的三角形支架、减少视觉厚度的三角形侧面等。为了减少三角形本身带来的过于稳定、坚强的心理感知效应，此产品在颜色处理上故意选择了轻快活泼的蓝黄配色来实现调和。这种设计策略与该产品的市场受众定位有关。该款电视起名为 Homedia 意为"家庭的……"，凸显了设计师的一番苦心。来自 SMOOL 公司的设计师布罗瓦舍（Robert Bronwasser）为了改变一般受众对于电视机作为家电产品的固有认知，特别选用类似纺织物的材质来包裹电视机表面，使它能够更好地融入温馨的家庭氛围与室内设计的风格之中，这款产品曾在 2013 年米兰设计周中展出。

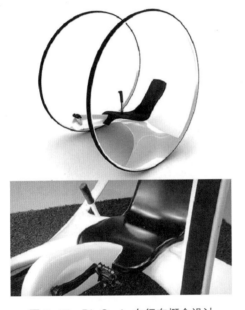

图 2-27　Di-Cycle 自行车概念设计

图 2-28　三角形电视机

图 2-29（a）所示为加拿大玻璃艺术家、设计师米林科维奇（Eva Milinkovic）从人类心脏的形态得到灵感，利用玻璃的质感通过手工吹制的方式制作的有机形态花瓶。图 2-29（b）、（c）所示则为大名鼎鼎的芬兰国宝级设计大师阿尔瓦·阿尔托（Alvar Aalto）1936 年以芬兰湖泊的轮廓线为灵感的萨沃伊（Savoy）花瓶。此款花瓶采用了考究的有机曲线，既符合现代主义的极简美学，也迎合了寻求情感呼应的后现代主义要求，宜古宜今的造型直到今天仍经久不衰。

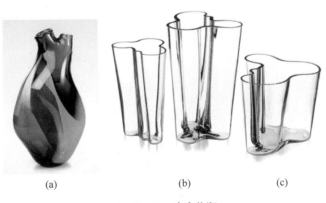

(a)　　　　　　　(b)　　　　　　　(c)

图 2-29　玻璃花瓶

2.3.4 体

体，也称为立体，是以平面为单元形态运动后产生的轨迹。体在三维空间中表现为长、宽、高三个面（形）。体的构成，既可以通过面的运动形成，也可以借由面的围合形成。不同于点、线、面三种仅限于一维或二维的视觉体验，体是唯一可以诉诸触觉来感知其客观存在的形态类型。

类似于面形的区分类型，体也可以分为平面几何体、曲面几何体以及其他形态几何体。按照形态模式以及体量感的差异，体还可以分为线体、面体以及块体。在设计专业的基础课程"立体构成"中，可接触到众多基本的体构成方式。

线体擅长表达方向性与速度感，体量感较为轻盈、通透；面体则具有视觉上的延伸感与稳定性，体量感适中；块体是体量感最为强烈的体形态，是面体在封闭空间中的立体延伸状态，也具有连续的面，因此兼具真实感、稳定感、安定感与充实感。下面一起来了解一下意大利家居品牌 Magis 以线体、面体以及块体为主构成的产品设计。从图 2-30 中可以看出，不同的体态表达出差异度极大的形态感官：线体的椅子显得轻盈通透、折线的运用富有雕塑的美感与力度；面体的椅子采用一体成形的手法，整张椅子造型简洁流畅、富有动感；块体的椅子显得厚重敦实，为了避免过度的笨重感，在椅腿部分采用了收拢的形态，整体上显现出舒适的视觉感。

图 2-30　意大利 Magis 椅子设计，分别以线、面与块作为造型元素

2.4　形式美基本法则

为什么人们会对形态产生美或不美的感受？这里涉及一个概念，即"产品形态心理"。它是指产品的实际物理外观在用户认知与使用过程中产生的主观体验。一般而言，曲线和曲面较多、表面质感光滑的产品形态，容易使观者产生温柔、细腻、亲密等心理感受；反之，直线、折线、锐角运用较多、表面粗糙的产品形态，则易于产生硬朗、力量、张力等心理体验。这类由于形态的物理属性引发用户差异化的认知心理与情感心理变化的过程及其现象，可称为形态心理。形态的物理属性是由设计

师控制的，在设计初期设计师即需要预设产品实现后最终的形态心理，希望传达出什么样的形态心理，就应该有针对性地选择相应的形态语言。

1946 年，英国的设计研究联合体（Design Research Unit）出版了《设计的现实》一书，其中对设计与设计师是这样定义的：

设计被认为是以理智、实用、技术性地结合美术与产业之事。更重要的是，设计师应该要有卓越的造型能力，而且不管他们的教育背景是什么，设计师本质上应该是一个艺术家才对。也就是说，他们对于好的比例、简洁的线条、协调的色彩等有着专门的知识，才知道要怎么在纸上好好地将它表现出来。

尽管，从今天的设计知识来看，将设计师从本质上定义为艺术家的说法有失偏颇，不过设计师应该对于美及其规律有着敏锐的感觉，并充满热情的表达欲望与能力。这种能力一部分是天生的，取决于父母遗传给你的 DNA，另一部分可以通过后天的学习来锻炼和改善。

什么是美？人类关于"美"的认知经历了漫长的演变与进化，不同文化语境的人对于"美"的界定存在着巨大的差异。当然，正是由于这些无法磨灭的差异，才让人类文明如此地姹紫嫣红。从人类宏观的发展历程来看，对于美的认知与学习，最早都遵循相同的对象——自然或人类本身。正如美国加利福尼亚大学大脑与认知研究中心的教授拉玛钱兰德（V.S. Ramachandran）所认为的，人类大脑存在着普遍的美感认知原则。对于美的认知，由于文化多样性所造成的认知差异达到90%，另外的 10% 则受到美学规律的支配。比如大部分人都会倾向于喜欢那些看起来更统一、更对称、更具均衡的形态；比如那些符合黄金定律（Golden Ratio）的事物，更容易被人们认定为美。古希腊哲学家毕达哥拉斯（Pythagoras）则从宇宙的视角，将一切美归纳为和谐——以数学与几何学来表达宇宙的规律。他们认为：一切立体形态中球体最美，一切平面形状中圆形最美。

面对某一审美对象，人为什么以及如何产生美的感受？完形心理学认为，人的心理与对象物的形式存在着异质同构的关系。面对残酷的自然环境，人类是通过寻求秩序、发现规律而生存下来的。找出事物内在的有联系的东西——规律，是人们用来认识自己与世界的基本方式。认识规律之前，首先认识的就是秩序。因为人的感官最先被吸引与理解的都是那些简单的、总是重复出现的东西。秩序感与规律性成为人类与生俱来的某种喜好或心理倾向。这就不难解释，在审美活动中，人类是通过发现对象物形式当中的秩序感或某种规律性，从而引起具有力量的情感心理。换言之，审美的过程，也就是发现规律与秩序，通过被激发的情感力量，形成共鸣与认同的过程。秩序引发力量，力量引起情感，情感激活共鸣。

这种秩序感在形式当中体现为几种具体的规律，比如统一与变化、对比与协调、节奏与韵律、对称与均衡、比例与尺度以及稳定与轻巧。这 6 条能够表达或突出秩序感的规律，称为形式美的基本法则。这些法则有助于帮助设计初学者更快地在抽象或具象的对象物当中去发现秩序，从而把握美的规律与奥秘，另一方面也将引导初学者依循着正确的方法去创造美。

2.4.1　统一与变化

统一与变化的规律是世界万物之理，日常生活中的一切客观事物或自然现象都符合变化中求统一，统一中存变化的规律。统一与变化是形式美基本法则的总法则，它最能反映出形式美法则的核心目的——秩序感。秩序，在大部分时候可以理解为整齐与统一；但秩序的意义更为丰富，它是一种有变化的统一。对于产品而言，统一且变化的秩序感意味着，整体上看是统一的，不论是形态、结构、工艺、材质还是色彩；从每一个细节入手仔细观察，又会发现更多细微的调整与变化。这里变化增加了统一的趣味性，同时也丰富了秩序的内涵。

统一是指由性质相同或者类似的形态要素并置在一起，产生一致的或者具有一致趋势的感觉。统一并不是只求形态的简单化，而是使各种多样的变化的因素具有条理性和规律性。变化是指由性质相异的形态要素并置在一起所造成的显著差异的感觉；在完形心理学看来，统一的整体更容易被视知觉接受、理解并把握，而变化则能帮助大脑形成丰富多样的深刻印象。

统一与变化的形式美法则，常见于同一品牌的不同产品系列当中，以及功能相似、形态相异的产品系统里。美国苹果公司的产品在其品牌风格的设计中表现出了最为典型的、教科书般的延续性——寓"统一"于"变化"中。如图 2-31 所示，不论是哪一个时代的苹果产品，不论是 1983 年第一台苹果桌上电脑，还是 1998 年颠覆市场对个人电脑固有印象的彩色半透明 iMac，或是 2001 年10 月推出的第一代 iPod 以及奠定智能手机发展基调的 iPhone 等产品，在其各自的时代都无可争议地充当了风格引领者。同时，在考察苹果系列产品进化的时间轴时，细心的读者会发现，既统一又变化的设计策略在精神"教主"乔布斯（Steve Jobs）的执行下显得更为突出。

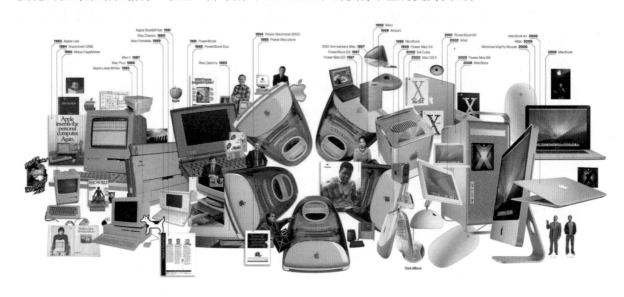

图 2-31　1983—2008 年苹果公司系列化产品的发展历程示意图

从 2-32 图中可以很明确地看出，不论 iPod Classic 的功能发生了怎样的变化，技术上的更新最终仍然被工业设计师协调地统一到了产品造型之中，维持了品牌风格的延续以及高度识别性。首代iPod（2001 年 10 月）采用机械滚轮，手指用力，滚轮便会转动；按键也是机械的，分布在滚轮四周。第二代 iPod（2002 年 7 月）使用触摸感应设备取代机械滚轮，它能够感应手指在其表面触摸转动，而无须真正地转动滚轮，但按键仍然是机械的。第三代 iPod（2003 年 4 月）沿用了二代的触摸感应式滚轮，但是用触摸感应按键替代了前两代的机械按键，而且从外观上，按键不再分布在滚轮四周，而是上移到液晶屏幕之下。第四代 iPod（2004 年 7 月）采用了"点拨轮"的新技术，又将感应按键重新放回到滚轮区域，不同的是不再是围绕地布置，而是直接安置在滚轮表面的边缘。从形态上看，整体感更强一些，同时在技术上也是可行的。即使是感应式触摸，但在上下左右四个点上具备一定的机械弹力，一旦指尖用力，就能感觉到弹力并实施相应的操作。在品牌特征如此统一的产品设计变化里，消费者并不会对新一代的 iPod 产品感到陌生，相反对于苹果的品牌认识得到了强化。即使消费者不看产品背后的苹果标识，也能够很轻易地在众多音乐播放器中认出苹果的产品。

图 2-32　第一代 iPod Classic 到第 6 代 iPod Classic 的产品进化示意图

纵观其他成功获得连续品牌识别力与商业关注的产品，比如英国厨具品牌 Joseph、美国可口可乐标志设计，以及星巴克 VI 与标志设计，尽管设计创新从未停止，但一直保持在渐变的、可接受的程度里，维持消费者与用户对品牌的熟悉感（图 2-33、图 2-34）

图 2-33　统一风格、造型逐步变化的 Joseph 品牌餐具设计

图 2-34　美国连锁咖啡品牌星巴克（Starbuck）标志设计的 4 阶段演化进程，1971—2011

2.4.2　对比与协调

对比是事物之间差异性的表现和不同性质之间的对照。通过不同的形态、质地、色彩、明暗、肌理、尺寸、虚实甚至包括结构与工艺的差异化处理，都能使产品造型产生令人印象深刻的效果，成为整体造型中的视觉焦点。适宜的对比方式能使事物整体产生一致与统一感，即协调，看上去不突兀，和谐。从心理学角度来看，差异容易形成强烈的感官刺激，使想象力延伸并造成情感张力，容易使用户注意力集中，形成趣味中心。对比的形式主要有并置对比和间隔对比；前者集中，后者间隔；前者的节奏感更明显，后者的装饰意味更浓烈。

图 2-35 所示这款椅子名叫"图案重置"（Re-Image），由伦敦设计公司"妈妈工作室"（Studiomama）设计，曾在 2012 年伦敦设计展上展出。设计师在椅背、椅座、扶手等部位采用了对比强烈的颜色进

行装饰，同时椅腿也分别选用了对比色系中的蓝色与橙色作为呼应，以此来协调椅子外观的整体感。可以设想，如果把椅腿的颜色变成金属本身或黑白等两种万用搭配色，整体效果就不会如此协调了。

图 2-36 是名为"运转：社会化储存驱动"（Transporter: Social Storage Drive）的储存设备，为多设备、多地区、多用户提供线上与线下的数据传输、共享与储存功能。黑色、三角形等形态要素强化了产品的稳定、安全、私密等形象，下边缘的蓝色光带则与整体外观形成跳跃的对比视效，且与蓝色的指示Logo 进行呼应。

图 2-37 所示为这款以老式留声机为主体改造的挂钟设计，尽管留声机的复杂播放机构直接暴露在外，但设计师采用与黑色对比强烈的橙色作为过渡面，来调和白色指针，使得产品的整体语义仍然靠近钟表，而不是留声机。

图 2-35　Re-Image 椅，体现对比与协调的设计风格

图 2-36　Transporter: Social Storage Drive 储存设备　　　　图 2-37　"留声机"造型的挂钟设计

总之，对比是产品造型设计中用来突出差异与强调特点的重要手段；对比不是目的，产品形态的整体协调才是设计师希望实现的最终效果。在运用"对比"手法强调形态的视觉焦点时要注意把握好"度"，以整体协调作为衡量的标准，注意防止"过犹不及"的问题。古语中的"刚柔并济"、"动静相宜"、"虚实互补"等，都是说明对比与协调的相互关系的。设计师在大胆尝试对比使用各种不同性质的形式要素时，要注意产品整体的协调感。

2.4.3　节奏与韵律

节奏与韵律最初都是音乐和诗歌领域的概念。节奏是指音乐中音响节拍轻重缓急有规律的变化和重复，韵律是在节奏的基础上赋予一定的情感色彩。前者着重运动过程中的形态变化，后者是神韵变化给人以情趣和精神上的满足。相对来说，节奏是单调的重复，韵律是富于变化的节奏，是节奏中注入个性化的变异形成的丰富而有趣味的反复与交替，它能增强艺术的感染力，开拓艺术的表现力。

节奏是事物在运动中形成的周期性连续过程，它是一种有规律的重复，很容易产生秩序感，因此对于一般受众而言，有节奏的图案或造型都会被认为是美的。节奏感的强弱通过重复的频率和单元要素的种类与形式来决定。频率越频繁、单元要素越单一，则越容易产生强烈的节奏感，但这种单调而生硬的节奏感也容易造成审美疲劳。设计师要灵活控制节奏感的强弱程度，善于利用多种类

型的相似元素来形成节奏感。

在造型活动中，韵律表现为运动形式的节奏感，表现为渐进、回旋、放射、轴对称等多种形式。韵律能够展现出形态在人的视觉心理以及情感力场中的运动轨迹，在观者的脑海中留下深刻而悠长的回忆。

如图 2-38 所示，此系列灯具以"节奏"（Rhythm）为名，名实相符，造型方式上可垂直、可平行。采用造型简洁的灯具单元，以重复又变化的形式依次排列，既有感性的浪漫曲线，又有理性的秩序感。灯具的材料采用棒状磨砂透镜和 LED 发光体，每一个单一的灯具模块都具有独立的旋转轴，并能固定在所需的角度；由于角度自定义，此款产品的形态组合几乎具有无限种变化形式。

图 2-39 所示均为采用重复的、或变化角度或缩小尺寸的方式形成的椅子形态设计。造型上，既简洁又富有变化，既有节奏又有韵律，既单纯又有趣。特别是左图的设计，利用厚度为 12mm 的桦木鳍层堆叠而成，使得椅子从任何一个角度观看都具有不同的明暗度与光感。渐变扭曲的形态形成了动感十足的形式，为静态的椅子增加了别样的趣味。

正如前文所说，节奏与韵律在音乐领域的表达最为生动，因此在理所当然地被运用到音箱造型设计中时，会起到事半功倍的效果（图 2-40）。音箱外部采用压孔处理的金属板包裹，这些已经申请了专利的圆形、菱形格以及波浪纹理形成的金属栅格效果，营造出趣味性的、光感十足的视觉肌理，节奏与韵律以如此生动的形式呈现出来，配合红、银、黑、白的色彩，显得时尚而优雅。

"节奏与韵律"是产品设计中创造"简洁不简单"形态的最直接原则。

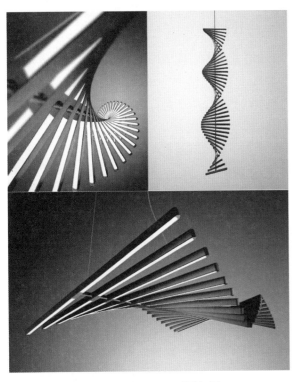

图 2-38　Rhythm 系列灯具

图 2-39　采用重复手法设计的椅子系列

图 2-40　Fuseproject 设计公司为 JAMBOX 品牌设计的便携式蓝牙音箱

2.4.4　对称与均衡

对称反映了事物的结构性原理，从自然界到人造事物都存在某种对称关系。形态的对称，指的是以物体垂直或水平中心线（或点）为轴，形态的上下、左右，或中心互相映射。形态的对称，又可以分为绝对对称与相对对称。前者讲究的是对称的两个部分在形态上完全一致；后者则不同，允许形态上略有差别，但总体感觉还是相同的。对称的形态，具有规律性、秩序感，容易产生简单的节奏与韵律美，且具有双生的、有条理的、容易理解等特点，因此在产品造型中经常被用到。自然物的对称现象最为明显，大部分都是以对称形式出现的，比如蝴蝶、孔雀的羽毛花纹、人与动物的脸部与身体、植物的叶子等（图2-41）。

图2-41 自然界与图案中的对称现象

在人造物中，大部分装饰图案或风格都或多或少地采用了对称形式法则，例如中国古代青铜器的饕餮纹、青花瓷器上常出现的回纹、莲瓣纹等（图2-42）。日常生活中，对称的形式是产品形态中出现得最多的一种。对称的车轮、对称的汤锅把手、对称的衣服口袋、对称的窗户、对称的屏幕与键盘等。

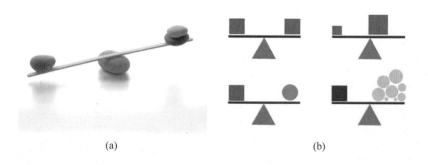

(a)　　　　　　　　　　　　　　　　　　(b)

图2-42 各种类型的均衡

均衡是两个以上要素之间的和谐关系或均势状态，也可称为平衡。这种均衡的感觉不一定非要是形态的完全对称，也可以是大小、色彩、轻重、明暗、远近、质地等之间构成的相对关系所造就的。均衡，更多的是人们对于形态诸要素之间的关系产生的感觉。形态的虚实、整体与局部、表面质感、体量等对比关系，处理得好就能产生均衡的心理感受。对比只是手段，是否能产生均衡的心理感受，才是判断形态好坏的主要标准。

均衡既可以来自于质与量的平均分布（图2-42（a）），也可以通过灵活调整质与量的关系来实现动态的均衡（图2-42（b））。前者的均衡更为严谨、条理，理性感突出；后者在实际造型设计中使用得更为频繁，也更容易产生活泼、灵动、轻松的感觉。

如图 2-43 所示，两者都是利用均衡原理来处理造型与功能的关系。左图是利用天平的形态语言设计的书架，哪边的书重一些，就会垂得更低一些；右边也是利用秤的原理，花瓶中的水蒸发量达到最大时，另一端的秤砣就会滑落到顶端，整个花瓶因此呈现出最大的倾斜视角，既表现出一种动态的形式美感，也能提醒用户应该及时为植物补充水分了。

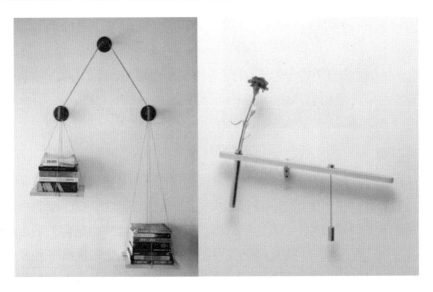

图 2-43　利用均衡原理的花瓶设计

2.4.5　比例与尺度

比例是指数量之间的对比关系，或指一种事物在整体中所占的分量，用于反映总体的构成或者结构。两种相关联的量，一种量变化，另一种量也随着变化。艺术中提到的比例通常指物体之间形的大小、宽窄、高低的关系。尺度是指质量与数量的统一；一指物品自身的尺度要求（物的尺度），二指物品与人之间比例关系（人的尺度）。自然现象的发生都有其固有的尺度范围。

比例，构成了组成事物的要素之间以及要素与整体之间的数量比例关系。在数学中，比例指的是两个比值的对等关系，比如 $A:B=C:D$；对产品形态而言，指的是自身各个部分之间的比例。形式美法则中最著名的就是黄金分割比，由古希腊数学家、哲学家毕达哥拉斯首先发现，其后由欧几里得提出黄金分割律的几何作图法——一个正方形边线的中点 A 向对角 B 画一条斜线，以斜线为半径画出的弧线，与正方形的延长线相交于 C 点，由此形成一个新矩形，新矩形的长宽比即为 1:1.618，这个比例也被称为黄金分割比，由此形成的矩形被称为黄金矩形，被认为是最能让人感到和谐、适宜和美感（图 2-44）。另外，新的大矩形和小矩形的对角线与边线的相交点，成为黄金二次分割的起始线，因此，这个分割过程可以无限继续下去，产生许多更小的等比的矩形和正方形。如图 2-45 所示，把每一个正方形中生成的切边 1/4 圆弧连接起来，就能形成一条连贯的曲线，如同鹦鹉螺的天然曲线。

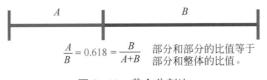

$$\frac{A}{B} = 0.618 = \frac{B}{A+B}$$　部分和部分的比值等于部分和整体的比值。

图 2-44　黄金分割比

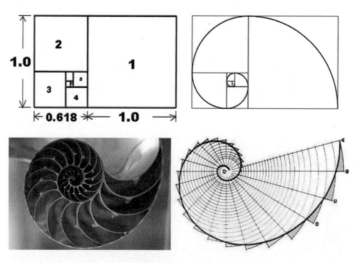

图 2-45　鹦鹉螺形态的黄金分割比

　　黄金分割不仅存在于自然界中，很多经典的设计，其造型都被后人分析出具有黄金分割的形态关系，因此显得恰到好处。比如人类建筑设计的典范：希腊的巴特农神庙、印度的泰姬陵、埃及的金字塔等，其主要形态关系都基本符合黄金分割比。当然，关于数字的比例关系还有很多种，比如根号数列比、等差数列、等比数列、斐波那契数列（具有黄金分割比的整数序列为 8、13、21、34、55、89、144……在这一数列中，任何后面的数均为前面 2 个数字之和，而且任何相邻数字之间的比率也正好接近 0.618）等。我们常见的纸张尺寸，从 A0 到 A8，其长度与宽度之比也都符合平方根的关系（图 2-46）。这样的尺寸关系是为了能最大限度地提高 A0 号（最大尺寸）纸张的使用率，裁剪时可以正好对裁而不留余料。

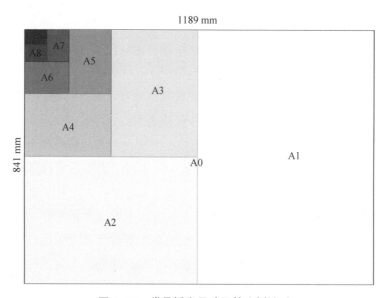

图 2-46　常见纸张尺寸及其比例关系

　　所谓尺度，是指产品形态与人在使用及其感受之间的相对关系。一般而言，产品的尺度受到人体尺寸、形体特点、动作规律、心理特征、使用需求等各个方面的限制与制约。符合人体尺度的形态，才能符合人机工程学的适用性原理。总的来说，优秀的设计都同时符合美的比例以及合理的尺度（图 2-47）。

图 2-47 著名的人机工程学座椅设计品牌 Herman Miller 及其产品 Embody 座椅

椅子的形态不论如何多样化，它各个部分的尺寸、比例都应该遵循用户的人体尺寸来确定，这种符合的关系称为尺度。尺度，反映了产品与用户之间的协调关系，涉及人的生理与心理、物理与情感等多方面的适应性。

私人庭院与国家大剧院门前的广场，主要功能都是为了散步与休闲，但由于面对的用户群体不同，两种空间的尺度关系也不尽相似。这里的尺度，前者面对的是家庭用户，人群数量较少，要适合人群聚集，氛围较为隐秘，配合的主体建筑尺寸较小，因此庭院的面积也较为有限；后者面对的是大众，数量多，要便于人群的迅速流动，氛围开放，因此尺寸较大。一般而言，私密空间的尺度都较小，而公共空间的尺度则较大，虽说都是面对相似的人，但由于群体的尺寸不一样，再加上公共空间所需的社会与文化内涵，因此两者的尺度存在着较大差异。

图 2-48 所示为德国功能主义设计师迪特·拉姆斯（Dieter Rams）1987 年为布劳恩公司设计的 ET66 计算器。尽管是 20 世纪 80 年代末的产品，今天看来，它的形态还是那么的考究，经得起推敲。不论是整体的尺度，还是细部各个按键之间的比例关系，都堪称形式美法则的典型符号。这款计算器的按键布局、上下分型、色彩匹配，很大程度地影响到 21 世纪 iPhone iSO 的计算器软件界面。

图 2-48 布劳恩 ET66 计算器

2.4.6 稳定与轻巧

稳定既是一种状态，也是一种感觉。设计中的稳定指的是，物体在视觉上处于一种安全持续的状态。物体是否稳定，主要取决于它的形状和它的重心的位置。形状是决定是否稳定的基础；重心的位置关系到物体受到一定大小的外力作用时是否倾覆。稳定感强的设计作品给人以安定的美。形态中的所谓稳定大致可以分为两种：一种是物体在客观物理上的稳定，一般而言重心越低、越靠近支撑面的中心部分，形态越稳定；一种是指物体形态的视觉特点给观者的心理感受——稳定感。前一种属于实际稳定，是每一件产品必须在结构上实现的基本工程性能；后一种属于视觉稳定，产品造型的量感要符合用户的审美需求。

形态首先要实现平衡才能实现稳定。所有的三原形体——构成所有立体形态的基础形态，即正立方体、正三角锥体和球体——都具有很好的稳定性。这三种立体的形态最为完整、肯定，重心位于立体形态的正中间，因此最为稳定。影响形态稳定性质的因素主要包括重心高度、接触面面积等。一般来说，重心越低，给人的感觉越稳重、踏实、敦厚；重心越高，越体现出轻盈、动感、活泼的感觉。沙发给人的视觉感觉一般比较稳重，为了调整这种稳定感，可以适当减少接触面的面积，比如增加了四个脚座的沙发，就比红唇沙发看上去要轻巧了一些，因为它不仅减少了接触面面积，还提高了沙发整体的重心（图 2-49）。

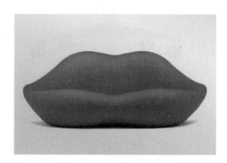

图 2-49　稳定与轻巧的沙发造型

轻巧是指形态在实现稳定的基础上，还要兼顾自由、运动、灵活等形式感，不能一味地强调稳定，而使形态显得呆板。实现轻巧感的具体方式包括：适当提高重心、缩小底面面积、变实心为中空、运用曲线与曲面、提高色彩明度、改善材料、多用线形造型、利用装饰带提亮等。设计师要根据产品的属性，灵活掌握稳定与轻巧两者的关系：太稳定的造型过于呆板笨重；过于轻巧的造型又会显得轻浮、没有质感。在产品造型设计中，设计师要善于利用统一与变化、对比与协调、节奏与韵律、对称与均衡、比例与尺度等形式美法则，在满足稳定的基本条件之上融合轻巧的形式感，打造出富有美感的整体形态。

图 2-50 所示为获得 2012 年日本好设计大奖（Good Design Award）的日本尼康（Nikon）35mm单镜头反光相机与本田（Honda）汽车。相机与汽车都属于高技术型产品，科技含量高、经济价值较大，因此用户对这类产品形态的心理预期是稳定的、大气的、高档的。先看左边这款相机，机身采用黑色与金色搭配，主体为黑色，黑色是稳重度最大的颜色，这样的配色显得质量可靠、做工精良。为了调和主体的稳定感，设计师在机身正面的侧方增加了一条醒目的红色细线条，既提示了手握方式，也在视觉上给相机增加了亮点，轻巧灵动。再来看这款白色的家用小轿车，大致方正的造型显得憨厚稳重，为了避免笨重感，采用了白色作为主色调，配以浅色的内饰设计，车轮尺寸与车身的比例以及车轮上方的弧线造型使整个车身显得十分轻巧可爱。

图 2-50　日本尼康相机与本田汽车

2.5 设计结合自然

我们所处的人造世界其实方方面面都离不开自然世界。大自然被誉为万物之源，这不仅是信仰，也是事实。大自然的美感、神秘与强大，蕴含着无限创意。常言道"鬼斧神工"、"浑然天成"、"天地之大美"等，都是对自然之美的由衷赞美。大自然是古今中外艺术家、诗人、设计师等以创意为生的人群取之不尽的灵感源泉，对自然风物的吟诵、赞美、模仿、学习、改造，成为中外设计师的共同的传统主题。在本节，大家将会从大自然的角度来认识设计中的各种美之现象与道理。

2.5.1 光色之美

大自然的神秘在于，很多微妙复杂的颜色、天气、湿度、光线、温度等元素都会影响到人的身体感受以及主观情绪。这些元素共同作用在一起，为人们的日常生活提供感官审美能力。以色彩为例，大自然的光线是人们可以感知色彩的关键因素。我们能够看见色彩，是因为人眼这一光线接收器官具有能够感受不同光谱敏感度色素的视网膜细胞——视锥细胞；人有能够分别感受三种光谱敏感度的三种视锥细胞，优先敏感于蓝、绿和红色。当由物体表面反射的不同光波进入眼睛并投映在视网膜上时，大脑就通过分析由各个锥细胞输入的信息去感知景物的颜色。正常人眼色视觉可分辨出大约700万种不同的颜色，而且人眼不同区域对颜色存在不同的敏感度，如眼睛中央对颜色和动态十分敏感，但眼睛边缘部分的颜色敏感度则较差。不同颜色中，人眼对红、绿和黄色比较敏锐，对蓝色则相对迟缓。这种特性对日常生活有很大的影响。比如蓝色的小汽车发生追尾事故的统计学风险最高；很多需要长时间注视的背景都采用蓝色，既能降低人眼紧张感，也有助于视线集中在比较醒目的标志、文字或图形上。

色彩具有三种属性，分别是色相、纯度以及明度。任何色彩，都可以色相、纯度与明度进行定量标示。

色相：色彩的相貌。不同的色相具有不同的波长与频率。我们常说的红、橙、黄、绿、青、蓝、紫，便是 7 种主要色彩的色相名称。

纯度：色彩的纯净程度，也是其饱和程度。任何一种色彩，只要加上白、黑、灰色都会降低其纯度。

明度：色彩的明亮程度，也可以形容光源的光度。任何一种色彩，加上白色则会增加其明度；反之亦然，加上黑色则会降低其明度（图 2-51）。

除了最常见的颜料色彩效果之外，特殊光线条件下的色彩"表情"会丰富得多。比如夜晚的水立方游泳馆，在光线的映射下呈现出透明的质感；又如发绿光的萤火虫、海里的透明水母、淤泥里的沙砾、贝壳上的光泽、舞台剧院的光线设计等（图 2-52）。

色彩学研究表明，与其他视觉元素相比（比如形式），色彩更容易让用户快速地认知、理解与记忆。在设计过程中，产品颜色的选择非常关键，可能会影响到产品的市场营销策略与受众范围。大部分设计师都习惯在设计后期才开始考虑产品的颜色问题，可能是因为设计师们倾向于认为概念推敲阶段功能才是重点。实际上，色彩也

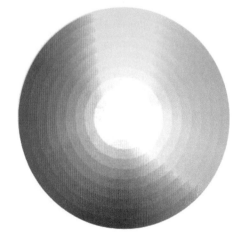

图 2- 51 色彩明度盘

是影响功能的主要因素，如果在设计初期就考虑色彩，可能会对问题定义与功能确定提供更有益的参考。

图 2- 52　光色之美

2.5.2　空简美学

中国古代哲学家老子在《道德经》十一章里写道："三十辐共一毂，当其无，有车之用。埏埴以为器，当其无，有器之用。凿户牖以为室，当其无，有室之用。故有之以为利，无之以为用。"以三个常见的事物向我们介绍了空与功能的关系。正因为车轮中间是空的，所以才能转动起来；器皿中间是空的，所以才能起到储存的作用；正因为房间是空的，所以才能起到居住的功能。

17 世纪科学家牛顿与 20 世纪科学家爱因斯坦都曾发表过相似的看法，唯有答案简单才可能近乎正确。人类胚胎最初只是一个普通圆环，后来会折叠围合为一个容器的形状，才能逐渐形成新生命所必需的各种物质；可见，"空"是形成生命的必要条件。

空，在禅宗概念中代表着孕育、可能性。因此，空在形式上体现为简，在内涵上却代表了无限变化的潜能。在中国传统美学当中，亦有"密不透风、疏可跑马"、"计白当黑"、"留白"等说法，都是在阐明布局、构图、结构等形式的协调美感。

亚洲设计师受禅宗美学思想的影响较深，尤其擅长表现这种空简美感。日本设计师原研哉是日本日用杂货品牌无印良品（MUJI）的创意总监，他的作品风格多以"空"来传达无印良品"去品牌化"的诉求。简化的包装与广告、优质的产品功能、低调朴素的色彩与材料，都在向消费者传达无印良品的理念——环保、简单、低调、随性。

无印良品除了形式上的"空简美学"之外，最难得的是其提倡的日常生活的"基本性"与"普遍性"。反对"过度设计"的非理性，也不赞同牺牲设计品质、粗制滥造的便宜货。其广告并不提供明确的内容，而是传达一致的氛围，好似一个空的容器，让每一个消费者自己去填充广告对他们的意义（图 2-53）。

能够做到"空简"美的产品设计其实一点儿也不简单。去除了多余的装饰与花哨的功能，消费者对产品的质感要求因此变得更为严格。比如苹果公司的产品，不论是台式计算机 iMac、笔记本 Mac Pro、平板电脑 iPad、手机 iPhone、音乐播放器 iPod，正因为功能的精准、结构的精到、工艺的精确，以及材料的精致，共同铸就了苹果风格——产品形态的空简之美。

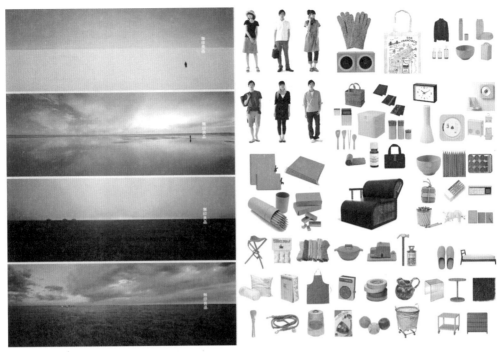

图 2-53 MUJI 产品系列与广告系列

本章重点与难点

（1）对三种产品设计形态观进行理解与反思，并尝试形成自己的形态观念。

（2）产品设计的形态要素：点、线、面、体，以及 4 种形态要素之间的相互关系。

（3）感受形式美法则的美感，并理解 6 大形式美基本法则的核心特点；尝试做到能分类、能举例。

研讨与练习

2-1 自由拍摄 6 幅照片，分别体现出 6 大形式美法则，并简要分析美感因素。

2-2 体验生活中的各种设计，在大自然或人造世界中发现各种"美的现象"，并以手绘的方式，临摹出具体美的现象或事物之中的抽象图示，并分析其美感规律。

推荐课外阅读书目

［1］［美］唐纳德·诺曼. 设计心理学 3：情感设计 [M]. 何笑梅，欧秋杏，译. 北京：中信出版社，2012.

［2］［英］罗伯特·克雷. 设计之美 [M]. 张弢，译. 济南：山东画报出版社，2010.

［3］［美］盖尔·格里特·汉娜. 设计元素——罗伊娜·里德·科斯塔罗与视觉构成关系 [M]. 李乐山，韩琦，陈仲华，译. 北京：中国水利水电出版社，2003.

［4］［美］马克纳. 源于自然的设计：设计中的通用形式和原理 [M]. 樊旺斌，译. 北京：机械工业出版社，2012.

第**3**章 从观察开始设计：用户与需求

3.1 设计程序之发现问题

如第 1 章所述，产品设计流程与程序有很多种不同的解读。在本章中，为了简化问题，让初学者更容易掌握设计程序与方法的关键内容，将采用"以问题为中心"的设计程序，即发现问题、思考问题、解决问题 3 个步骤（图 3-1）。发现问题，实际上是从观察的结论中发现问题。不论你是否曾经尝试过有目的地观察，但对于生活，每个人都有丰富的自我体验。对于设计初学者而言，这些体验，也是开始设计的源头之一。

图 3-1 "以问题为中心"的简化设计程序

然而，不是每一个人都是善于发现、体验生活的有心人。美国小说家大卫·华莱士（David Foster Wallace）写过一个寓言故事：

两条小鱼在一起游泳，巧遇一条老鱼。老鱼向他们问好："早上好，孩子们，你们感觉今天的水如何啊？"小鱼寒暄完继续往前游，其中一条小鱼实在忍不住了，鼓起勇气问另一条小鱼："水是什么东西？"

这个故事告诉我们，我们生活的这个世界，每天都在与之打交道，好像很了解；但那些重要的东西却很少引起我们的思考。体验与观察是反思并发现需求与问题的开始。

3.2 自我体验

对于初学者而言，这种对于生活的细腻体验是一种很难得的性格优势。对于"我是否是一个心思细腻且善于观察生活的人"这一问题的判断，有一个简单的测试帮助大家确定答案：是否能在 5 分钟以内，迅速列举出你曾遭遇过、观察到、听说过的各种"不方便"的 10 个问题，并准确描述。比如，生日蛋糕的蜡烛经常滴到蛋糕上、经常被抽油烟机的角撞到头、一次性地铁车票经常被折弯损坏、在 ATM 机器上使用银行卡经常插反卡片、扁平的长方形 iPhone 手机经常从手中滑落到地上、切洋葱时经常被刺激得流眼泪、用完微波炉按完结束键后如果不及时取出食物经常就会忘记，等等。生活中有各种不方便，作为非设计界的普通消费者可能只能在抱怨之后学会适应那些"不方便"的产品；但对于设计师而言，这些问题则很可能是新一代产品或全新产品开发的原始灵感。

　　作为初学者来说，从自我生活经历的敏锐体验到主动观察他人的各种行为方式及其存在的问题，是开始涉入设计流程与实务的最好方式之一。当然，前提是你要学会观察。

3.3　学会观察与访谈

　　会不会观察、观察什么、如何观察，都会决定发现问题的质量、方向以及数量。

　　如果有机会走入任何一家世界级的设计咨询服务公司参观，你的第一感受可能是"人都去哪儿了？"在"漫长"的设计流程里，每一个环节都需要设计师倾注更多的心血，比如在办公桌上手绘草图、在会议室讨论方案、在模型室修改原型等。除此之外，设计师还必须用大量的时间与最终使用产品的人群打交道，去了解他们生活、娱乐、居住、饮食、阅读、工作等各个方面的习惯与特点。在设计师的每一个项目中，肯定都会包括长时间的观察与访谈，去关注人们做了什么、说了什么、感受到什么，以及需要什么（可能并不会直接说出来或做出来）。

　　在产品设计的初步阶段——概念构思发散过程中，观察的意识、能力、技能以及方法都非常重要，它们将决定后续设计程序的主要方向，甚至会影响到能否得到足够新颖的设计灵感。然而，观察不等于观看。观察的英文单词是"oberserve"，原意是指"仔细地去注意、察视，尤其留意某些细节"。每一天我们都会"看到"很多事情的发生，如果没有主观地、带着某种任务或目的地去关注，绝大多数发生在身边的信息都会被忽视掉。在产品设计的初期环节，观察意味着设计师要去留意人们如何与其所处的场景、空间、环境、背景发生互动关系，人们如何使用产品，以及在使用过程中遭遇不便或在不如意时他们如何进行改善问题等。比如，你能从图 3-2 中初步观察并概括出该类型儿童对服装、玩具、文具、餐具等日用品的用户需求吗？作为设计师，你面对的用户群体可能是自己非常不熟悉的人群，这时候你该如何去认识用户并为其服务呢？所以说，设计要从观察开始。问题是，应该如何观察呢？观察有哪些方法与程序呢？

图 3-2　新生代儿童

　　为了确定准确的设计方向，设计师要学会观察。观察意味着带着设计意图去寻找、去发现、去思考；浸入式的观察能够刺激感官全方位地参与到设计之中。优秀的设计师，有时候就像一个善于发现隐藏在繁杂现象中蛛丝马迹的侦探。在观察中找到某个线索，按图索骥，就能顺藤摸瓜，最终完成设计的整个过程。观察、思考、访谈、解读、综合等是概念构思与思路形成的完整过程，观察则是其中第一个步骤。所以说，观察是开始设计的第一步。

3.3.1 观察法

"问题并非如你表面所见，而是需要深入理解。"——19世纪美国哲学家亨利·梭罗（Henry Thoreau）

一个人越善于观察，就越能掌握更多的有用信息，也就越容易解决问题。观察法与访谈法是两大基本用户研究方法（图3-3）。观察法是最简单、实用的用户研究方法。用户的产品体验来源于对产品的使用过程。那么设计师对于用户及其需求的了解也来自于对上述过程的观察及其分析。

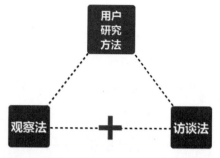

图3-3　两大基本用户研究方法：观察法与访谈法

观察法的分类方法有很多，按照分类标准的差异而不同，既可以分为直接观察法和间接观察法；也可以根据研究者本身是否参与，分为参与式和非参与式的观察法；或根据观察情境的不同，分为自然情境观察法和人工情境观察法；还可以根据观察方法的不同，分为结构式观察法和非结构式观察法。对于初学者而言，首先应掌握两种基本的观察法，即直接观察法和间接观察法。前者指的是不介入、不干涉用户的自然状态，以旁观者的角色观察用户的生活与使用场景；后者则指实地观察，参与到用户的生活与使用场景之中，并有针对性地提出开放性的问题，同时记录用户的操作过程。不论是间接观察还是直接观察，都要对观察到的现象或个体行为进行客观性的描述与解释。国外也有专门进行产品群体文化学咨询服务的公司，他们向参与者（潜在用户群体）支付报酬，在得到同意后，将摄像头安装在参与者家中的起居室长达一周或半个月。随后会有专门的技术人员对数据进行逐段分析，并将其行为模式"翻译"为用户需求缺口，并与设计师一起将之进一步转化为产品机会缺口。

大卫·弗莱德伯格（David Friedberg）于2006年创建了以天气为主要信息的衍生产品服务体系"天气账单"（Weather Bill），2011年10月更名为"气候公司"（The Climate Corporation）。该公司提供电子商务网站以及复杂的天气预报分析系统，向需要准确天气信息的公司和个人出售天气保险单。简单地说，如果你周日要举办一场重要的户外商务自助餐会，如果你担心下雨或其他意外天气状况破坏你的活动，你可以向"天气账单"公司购买某一特定的地理区域内、某一天或时段天气的保险。如果活动当天气候良好，就万事大吉；如果发生天气意外，导致预订活动场地、酒水、食物、嘉宾交通等费用的无效支出，可以通过保险单提供的赔偿来减少损失。这一创意灵感实际上来自于弗莱德伯格上下班路上的观察。2001年，20岁的弗莱德伯格上下班途中都会经过住所附近的一家自行车出租行。细心的弗莱德伯格发现，只要下雨，自行车店就会关门停业。弗莱德伯格想到，除了自行车行，应该还有很多其他的行业也会受到天气的影响，比如滑雪场、农庄、旅游景点等。事实证明，弗莱德伯格的细心观察与大胆创意为他开启了前景看好的新事业。

观察即带着问题——明确具体的观察目标，用眼睛去"体验"潜在用户的经历——强烈的求知探索欲望。是否善于捕捉到常被忽视的细节以及那些转瞬即逝的现象与变化过程，并学会利用各种技术手段弥补记忆的不足，将决定观察结果的质量。比如，多采用团队合作的方式，并利用录音笔、摄像机、照相机、速记卡片等技术辅助手段，尽量将现场观察到的大多数内容记录保留下来，有待下一步的分析与评价。

以用户为中心的观察活动主要有两个方面要注意：第一是要观察仔细，对用户使用某项产品、从事某项活动的各方部分、环节、方面都要留心观察、看得仔细认真。只有全身心地投入观察，才能激发后续的思考与分析。第二是整个观察过程要能抓住用户的某个特点或细节。这些特点或细节往往要么是能区分用户 A、B 及 C 等的关键点，要么是联系所有用户对象的普遍性特点。

3.3.2 访谈法

针对产品使用过程、使用语境，对典型用户进行访谈，了解用户如何看待、理解，并处理产品与其生活的关系。简单地说，调查人员大致有三种访谈策略：第一，提前预备好访谈问题，并严格按照问题列表向参与者提问并记录其回答；第二，按照事先准备的提纲，基本遵循提纲的内容向参与者提问，同时也可以根据参与者的反馈，适时调整提问内容与细节；第三，没有预先准备的问题或提纲，以当时的情境与参与者的反馈条件为准，开放性地讨论与访谈目的相关的问题。任何能够帮助调查人员了解参与者与产品关系的问题，都可以纳入访谈范围内。这三种访谈方法，分别称为结构性访谈、半结构性访谈以及无结构性访谈。三种访谈形式的灵活度依次增加，但难度也随之加大。对于初学者而言，从结构性访谈入手练习，可能比较具有操作性。

3.3.3 培养洞察力

洞察力的结果经常指向某种产品机会缺口（product opportunity gap，POG）；产品机会缺口是指，由于环境、背景、趋势、技术条件等语境（context）的改变，从而产生的潜在的、新的产品机会——还未被现有产品所满足。对于设计师而言，即意味着基于 POG 有机会创造出全新的产品或对于现有产品进行重要的改进或补充。对于初学者而言，POG 的发现不仅依赖于对用户的深入观察，同时意味着洞察力的释放。世界著名的美国厨房用具品牌 OXO 创始人法伯（Sam Farber），在对其患有关节炎的妻子的日常生活的体味与观察中，洞察出改善厨房用具的产品机会缺口。法伯的妻子特别喜欢烹饪，但几乎每一个厨房用具使用起来都很不方便，比如把手生硬、外观简陋、工艺粗糙、角度不可调、受力不准确等。对于生理有障碍的用户而言，几乎找不到好用的厨房用具。法伯"意识"（即洞察力）到，使用舒适、方便以及体现对用户的关怀与尊重是改善现有厨房用具的两个关键要素。基于以上观察以及对于产品机会缺口的洞察，OXO Good Grips "好握"削皮器自 1990 年问世以来，得到了广大消费者的欢迎，得奖无数。对于现在的消费者而言，符合人机工程学的把手，是家用工具的必备条件之一，并非什么了不起的创新。但对 20 世纪 90 年代的厨房用具市场而言，从把手的舒适程度与好用程度进行更新，却是影响了几代人生活，以及奠定了几代产品系列化发展方向的重要革新之举（图 3-4）。

图 3–4 OXO Good Grips 系列厨房用具与普通削皮器

对于初学者而言，有意识地主动培养洞察力是成为优秀设计师的必经之路。在场景比较复杂或人物比较多的观察活动中，可以遵循以下原则来培养洞察力。

（1）先观察整体场景、场面的气氛与特点，是日常的、私人的、家庭的，还是公共的；是偶然的，还是惯常的等。确定场景的基调有助于更敏锐、准确地洞察出产品机会缺口。

（2）选取典型用户的关键行为及其动作进行观察；尤其注意捕捉用户在使用过程中的各种"不方便"、"不自然"、"不愉快"的行为、动作或程序。这些方面往往是后续进行产品改良设计的重点。比如，在更换桶装水时，悉心观察会发现很多问题：比如，由于没有把手，搬运起来找不到施力点会很费力；搬运工人为了一次搬运多个空瓶，多将手指分别插入不同的注水口，导致潜在的卫生问题；圆柱形的空瓶存储起来很占空间。

（3）对于观察中发现的问题，可继续采用各种方法进行深入观察，比如方位观察法、时序观察法、远近观察法、周期观察法等。古诗《题西林壁》中"横看成岭侧成峰，远近高低各不同"，就是在说，不同的观察角度会得到不同的观察结果。不同的观察方位、时序、距离远近、周期阶段等，都会对同一个问题产生各种不同的观察结果。比如，用户在使用双耳锅进行烹饪后，需要把所有食物从锅里转移到盘子里，但总有一些食物残留在锅里，很难转移；而用户的双手都在把持锅具，没有办法腾出手来转移残存的食物，多会采用"甩、抖"等大幅度动作将食物震荡出锅具。这一系列的细微动作及其蕴含的使用问题，则需要设计师采用多方位、多时序、不同远近距离，以及在不同的菜品烹饪周期中进行差异化的观察。

（4）勤于观察，随时记录。俗语说："好记性抵不过烂笔头。"观察应当调动所有感官的主动参与，做到眼勤、耳勤、口勤、腿勤、手勤、脑勤。一边观察一边思考，要把观察到的信息尽可能完整地记录下来，并写进观察日记。并不是所有观察到的数据都会运用到此次设计中，但也许以后会用得上。因此要分门别类地整理，作为资料保存，并做好索引，方便日后查找。

观察是用户研究的基础能力之一，如能得到持续的、科学的训练，久而久之便会发展出一种优秀设计师特别需要的品质——洞察力。洞察力即能在复杂、繁芜的观察数据之中迅速准确地定位出关键信息，并能判断出此信息的设计应用价值。

3.4 问题发现与需求缺口

对于初学者而言，设计往往始于自己的构思或直觉，但实际上这样做并非想象的那么容易。可能需要花费数周时间为一款手机构思看似创意绝妙的概念；事实上，这只是一些表面化的设计方案，如果换个思路，从发现问题开始，构思概念的过程就会变得中心突出、思路简单但深刻。例如，当手握智能手机时，由于四四方方的造型，很容易从手中滑落，或遭受到不经意的碰撞，比如撞到门上等；冬天戴上手套就无法直接操控手机，在寒冷的户外很不方便；iPhone 5S 的 Touch ID 技术使用起来很方便，解除了频繁输入密码的苦恼，但当湿度、温度变化之后，指纹的识别度会降低不少，比如刚刚洗完澡或从户外进入室内时。如果这些问题经常发生，不仅是某个人的体验，而是大多数人的感受，就应该记下来，然后按照重要性排列顺序，首先解决最棘手的关键问题。

对于设计而言，发现问题并不是目的，而是帮助设计师定位产品机会缺口的手段。对设计的对象而言，存在的问题即"产品机会缺口"；对于设计对象服务的用户而言，存在的问题即所谓"需求缺口"。所有现有的产品，都能满足用户的某项需求，产品对于某项需求的满足既是产品功能所在，也是产品价值的核心。换言之，如果发现尚有某项需求没有得到满足，或者说没有得到完善、有效的满足，那么这项需求缺口就是设计师下一阶段工作的主要任务。然而，问题是，在一些国家和地区，当物质世界已经极为富足的消费文化时代，几乎没有所谓完全空白的需求缺口了；只有尚未得到完善解决的问题，即尚未获得完全覆盖的需求缺口。因此，发现新的需求缺口是一件越来越困难的事情；也就是说，需求缺口的发现是非常有价值的产品开发资源。

但需要初学者注意的是，并非每一个新发现的问题，都是好的设计问题；所谓好的设计问题，是能够转化为需求缺口的问题，是能够用设计手段、产品载体来进行满足的问题。

3.4.1　什么是好的设计问题？

不论是自我体验还是观察他人，都会发现生活中存在着很多亟待进一步解决的问题；然而，不是所有生活中存在的问题都属于设计能够解决的问题；也不是所有设计能够解决的问题都是好的设计问题。三种问题之间的相互关系，参见图3-5。

普通问题 > 设计问题 > 好的设计问题

图3-5　三种问题之间的相互关系

哪些问题是好的设计问题呢？好的设计问题具有哪些特点呢？先来看几个例子。插头一旦插得过紧，想拔出来可能就会很费力，有没有产品可以解决（图3-6）？对于厨房新人而言，切菜往往是最容易出问题的环节，稍不注意就会切到手，如何解决（图3-7）？切洋葱等容易散发刺激气味的蔬果，如何解决刺激性气味的问题（图3-8）？长距离户外运动途中，如何解决运动员补水问题（图3-9）？如何更长时间地保持冬日里茶水的温度（图3-10）？一手撑伞一手提重物会觉得很不方便，当收起雨伞时，人们又希望将其作为扶手，有没有一种产品可以同时解决以上两种需求（图3-11）？

从上面的例子中可以看出，好的设计问题具有以下几点共性：首先，这个问题具有一定程度的普遍性，而不是仅仅为了满足某个人的独特需求；其次，针对这个问题目前还不具备比较完善的解决方案；最后，这个问题适合用产品来解决，而不是改变组织结构、管理流程、提高服务质量就能解决的问题。当然，需要指出的是，对于设计专业的初学者而言，以产品作为解决问题的着眼点是比较务实，且容易得到锻炼的方式；但对于成熟的设计师来说，服务设计、设计管理也属于解决问题的有效途径。

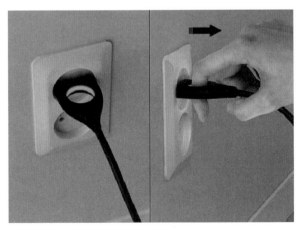

图3-6　省力插头

图3-7　切菜保护装置

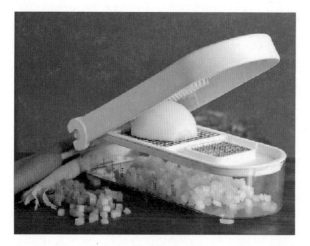

图 3-8 切菜盒

图 3-9 运动水壶

图 3-10 保温马克杯

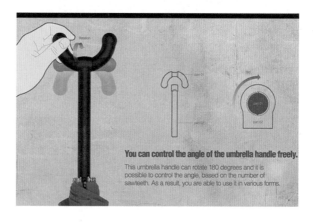

图 3-11 双用伞把

3.4.2 从问题到需求

斯坦福大学哈索·普拉特纳（Hasso Plattner）在设计学院开设有一门课程，名为"寻找需求"。课程的目的是培养学生的观察力，指导学生通过观察生活，发现问题，并转化为潜在的市场需求，从而找到创业商机。

设计师大多数时候也是用户，他们可以依据专业知识设想很多种类型的用户；但无论如何，主观设想始终无法代替真实的、普通的用户群体。"用户不似我"是很多设计师从事设计行业之前必须清楚认知的一个基本立场。那么，如何了解用户及其需求呢？

人们未被很好满足、妥善解决的需求，反映到日常生活中便是可以观察、描述、定位的具体问题。设计师要开始设计，就必须先要了解待服务的用户及其需求。需求来自于问题，而问题则来自于观察。工业设计的产品创新主要是通过对问题的智慧解决，来填补用户的需求缺口。怎样才能了解用户的真实需求，怎样对需求的重要性进行甄别与排序呢？

什么是问题？问题具有哪些属性？简而言之，问题具有悬而未决的特点；具体而言，具有以下四种属性：首先是人们对问题的解决存在期望；其次对问题所处的现状感到不满；另外，在人们的期望与现状之间存在着差异；最后，这种差异则说明了问题的本质属性——有待被解决。因此，在这里，问题与设计发生了关系，设计的任务在于解决问题，在于解除问题的悬而未决；换言之，即满足用户的需求，弥合期望与现状之间的差距——需求缺口，抑或是产品机会缺口。

3.4.3　移情设计

有人说，完美的设计处于客观观察与主观移情之间的平衡点。我们相信，那些最有价值、可被利用的信息资源大多来自于自身体验过的。正如一句老话所说："我所听过的，我忘记了；我所看到的，我还记得；我所做过的，才是我理解的。"移情设计（empathic design），指的是一种以用户体验为核心诉求的设计方法，基于观察、访谈、参与、沉浸等用户研究方法得到的数据，采用有限想象的方式，对用户所处的语境进行重新构建。更为通俗的说法是，"移情设计是一种以用户为中心的设计方法，它关注用户对于产品的感受。"[1] 实际上，移情设计也是一种将问题转化为需求的用户研究方法，其奥秘在于它能帮助设计师理解用户在使用产品、服务、系统、环境等设计产物的过程中，如何认知、使用、理解、体验、感受，并赋予其意义的方式。

对于用户的理解，仅凭设想与表象的观察是远远不够的。因此，除了观察与访谈为主的用户研究方法之外，设计师团队也会花更多的时间深入研究对象的实际生活，并在其中发挥影响力。"角色扮演"的沉浸式体验是设计师获取移情想象灵感的关键步骤。借助于设计师的知识背景、专业立场，以及敏锐广阔的视角，移情设计的研究方法能够帮助用户勾勒出用户本身无法独立企及的产品概念或原型。

在以用户为中心的设计研究方法中，存在以下三种不同的层次划分：第一，观察用户的客观、自然及实际的反应；第二，给用户提供足够逼真的语境，增加其参与程度，记录下行为方式与使用方法，或将他们的行为特点与想法以访谈的形式牵引出来；第三，设计师亲身尝试使用设计原型，以内审的方式、以想象的方式，将前两个步骤得到的所有信息进行重组，以期得到既合理又富有创意的构思原型。

移情设计被更多地运用于对边缘人群或社会弱势群体的关怀中，比如医院的病患人群[2]、发展中国家生活在贫民窟的居民、老年人、婴幼儿、监狱中的服刑人员等。上述人群的生活状态及其需求往往隐藏在社会主流关注之外，因此对于这类用户人群的设计服务，往往不能停留在主观想象或浅层次的观察，而必须借助于更有深度的用户研究方法和移情设计策略（图3-12、图3-13）。

图3-12　"平等"（Equal）紧凑型个人汽车设计

---

① LEEC. Buiding emotions in design［J］. The Design Journal, 2003, 6(3):35-45.

② 相关案例可参见网络视频：克利夫兰诊所（Cleveland Clinic）的宣传片《移情：病患关怀的人类情感联系》（*Empathy: The Human Connection to Patient Care*）。

图 3-13　专为超轻体重婴儿设计的保温睡袋"拥抱"（Embrace）

3.4.4　从研究到换位思考

移情设计强调的是站在用户的立场上思考设计方案的可能性；换位思考能力指的是设计师在长期规范、严谨的民族志研究基础上逐渐形成的基本能力。

从个人来看，遵循一定的方法、假以时日，大多数设计师都可以将自己训练为熟练、老道、富有洞察力的观察者；从企业的立场来看，更多的大型设计咨询服务公司以及世界 500 强企业则会聘请专业背景深厚、经验丰富的专业人士来从事更为严谨、学术派的观察事业——又称为人种志或民族志（ethnography）研究。这是一种人类学研究方法，指的是对人类行为进行实地观察与研究，并对行为的原因进行描述与解释。比如，美国俄勒冈州比夫顿市的英特尔公司就聘请了由社会学家、心理学家、人类学家等组成的"人与行为研究团队"，深入世界各地进行观察与研究。他们关注的问题包括：青少年如何使用技术保护自己的隐私，新型城镇街头民众的生活习俗，中国第二代农民工如何融入在线购物的生活方式，在缺水的非洲地区民众如何处理日常生活用水的难题等。这些问题看似分散而没有规律，而且与英特尔高科技公司的背景格格不入。但是，这些学者观察得到的信息报告，很可能蕴藏着下一个文化转型的契机与形式，当不发达国家或地区的民众开始转变生活方式融入信息时代当中，开始使用高科技公司的产品与服务时，诸如英特尔之类的科技公司必须提前做好准备。

进行这种民族志研究可能需要几个月甚至一年多的时间，研究结束后会得到大量的数据、资料、笔记。如果设计师或研究人员无法设身处地、换位思考，这些信息的价值永远只能停留在纸面上。换位思考的作用在于，将观察到的结果，转化为洞察力，并将洞察力转变为某种能够改善人们生活质量的产品机会缺口。尤其是对于设计师最初无法理解的困惑、矛盾，可能正是普通用户与专业设计师之间的认知偏差，也是两种人群在面对人造世界时采用的不同策略。设计师如果只是按照自身的标准去理解设计、从事设计，不仅会错失很多机会，同时也会造成误差。每个人的经历不同，第一次面对设计的态度也会存在着巨大的差异。试着回忆各种第一次的经历，并对比熟悉之后的使用经历：第一次开车上路、第一次出国走下飞机、第一次为新生的家庭成员挑选礼物、第一次使用iPad……由于不熟悉、不了解，面对每个第一次的经历，我们都是用一种极为敏锐的态度与视角在参与、在观察，因此会更容易有所感悟、发现问题。这也是为什么用户与设计师在面对同一款产品时可能存在着迥然不同的差异态度，也说明了设计师的换位思考能力多么重要。如图 3-14 所示，视觉障碍人群由于视力受损，在使用手机时大量依靠触觉与听觉，因此针对这类特殊用户群体的需求缺口时，充分调用其他感官能力的换位设计思考非常必要。

总而言之，设计的目的在于以高质量的（物质／非物质）产品、服务来解决人类生活中遭遇的各种问题，从而满足对应的各类需求。问题与需求是同一个事物的两种反映形式，前者以现象呈现，

图 3-14 视觉障碍用户使用手机场景与原型

可供设计师、调查人员去观察、去发现、去解决；后者是问题背后隐藏的原因，供设计师去分析、综合考虑，并统筹各类资源去解决、去满足。不论是产品机会缺口，还是用户需求缺口，都需要设计师在设计过程前端通过辛勤的设计研究工作才能获取。

3.5 用户研究

从本质上看，设计的核心目的是为了解决问题。在解决问题的实际过程中，最有难度、最有趣，也是最有挑战性的部分，是从基于观察、访谈等手段得到的数据中，分析、甄别，激发新的设计构思的过程。这些，都属于用户研究。用户研究，顾名思义，即"研究用户"，用户是谁，他 / 她 / 它们具有哪些特质、属性、需求、特点等，是用户研究的首要问题。设计早已不是一群设计师拍拍脑袋就能凭空想象、闭门造车的行业了。设计行业是一种典型的服务业，为用户服务、为消费者服务，因此，了解所服务的对象至关重要。

3.5.1 谁是用户？

IDEO 很早就提出了以用户为中心的设计理念：UCD（user- centered design）。IDEO 从来不会采用来自一般市场调研的数据，而是让设计师深入用户日常生活之中，在人类学家、心理学家、社会学家、工程师等专业人员组成的团队帮助之下，去观察用户、访谈用户、邀请用户测试原型等，去发现一些设计师不可能知道，甚至连用户自己都说不清楚的真实需求。IDEO 是谁？它对设计历史的贡献早就为人熟知：1982 年，曾为苹果设计了一款鼠标，从此鼠标成为电脑的标准配件，并开始量产；1986 年，它设计了第一台折叠式电脑，成为笔记本电脑的鼻祖。"以用户为中心"，是用户研究的首要原则。然而，在竞争激烈、瞬息万变的市场里，少有企业或者设计师能够静下心来去踏实地、仔细地观察、了解用户的生活方式、态度、价值观、行为特征、感受，以及那些隐藏的、变化的、琐碎的但真实的需求。

用户（user，也可理解为使用者），简言之，指的是即将使用或正在使用产品、服务、系统的主要人群。UCD，"以用户为中心"的设计，最早是指一种界面设计方法，通过全范围地关注设计流程的每个阶段，去发掘产品终端使用者的需求、欲求以及局限性，现被广泛运用到各类设计领域的用户研究之中。

3.5.2 用户研究方法

除了前文介绍的观察法与访谈法两大基本的用户研究方法之外，还有一些是当前各大设计咨询与服务公司比较常用的研究方法。在用户研究方面，美国设计咨询公司 IDEO 做得比较出众，曾推出过多种用户研究设计方法，大受欢迎，比如 51 种用户研究方法卡片（51 methods card）、HCD 方法套装（human-centred design，以人为本设计方法）等（图 3-15）。

图 3–15　IDEO 设计咨询公司设计方法卡片

1. 有声思维记录法（thinking aloud）

用户一边操作产品、系统或界面，一边口述自己大脑中正在进行的思维活动。这种方法可以有限地帮助调查人员了解用户思维层面与想法，但不适合在较为复杂的操作环节中使用，因为过于繁重的思维活动与口述，会干扰到正常的操作行为及其动作。

2. 认知预演（cognitive walkthrough）

设计师在确定方案或制作好产品原型后，可以预先扮演用户角色，进行产品试用。首先设定各种使用场景，在各个场景下试用各种功能，完成各项任务，并从各自角色立场出发，提出问题，改进设计。

3. 用户模型（persona）

用户模型又称角色模型，是对目标用户的真实特征进行勾勒之后得到的人物模型。设计师会按照典型用户群体的基本属性，包括心理特征、生理特征、使用习惯、核心需求、职业特点、兴趣爱好等对用户模型进行分类。因此，针对每一项产品，可能会生成若干个用户模型；每一个用户模型都会囊括用户研究发现的数据、信息，以及需求缺口。

用户模型可以让抽象的数据变得直观、具体、清晰又有趣；同时会帮助设计师在头脑中对其服务的对象产生鲜活的印象。一旦具备较为明确的用户模型，针对用户的各种研究结果及其讨论将会变得明确而翔实。

另外，用户模型能够使设计师对于典型用户进行更加深入、有效的分类，哪些用户是主流用户，哪些用户是专家用户，哪些用户是新兴用户，哪些用户是极端用户等。另外，用户模型还能帮助设计师针对各类用户确定更加准确的产品设计目标和优化方案。

4. 可用性测试与评价（usability test）

可用性（usability）是一种质量属性，指的是用户使用产品的难易程度。丹麦计算机科学家雅各布·尼尔森（Jakob Nielsen）与美国认知心理学家唐纳德·诺曼（Donald Norman）1998 年成立了一家致力于提高用户界面、交互设计、应用程序等网络设计领域的可用性的咨询设计公司"双 N 组（Nielsen Norman Group）"。他们为"可用性"制定了 5 种性能标准，分别是：易学性（learnability）——用户第一次接触设计时是否能够轻松地完成任务；效率性（efficiency）——一旦用户学会了使用，他们是否能迅速地执行任务；记忆性（memorability）—— 一段时间停止使用该设计之后，再次使用时，是否能够轻松地重建熟悉感；容错性（erros）——用户会发生多少错误、这些错误是否严重、用户是否能轻松地从错误造成的结果中摆脱出来；满意度（satisfaction）——使用该设计的愉悦程度。

除此之外，与可用性概念相关的另一个重要概念——效用（utility），指的是产品或设计本身的功能性是否满足以及满足了哪些用户所需。可用性与效用这两个概念共同决定了设计是否有用（useful）：可用性考察的是用户使用设计时的简易程度与愉悦程度，而效用关注的是设计具体解决了哪些问题以及用户需求。

针对不同的产品，可用性测试与评价的手段、标准、方法、过程都会有所差异。一般而言，可用性测试流程主要包括以下三个方面，即用户需求分析、设计/测试/开发、安装/使用/反馈。

5. 个案研究法（case study）

个案研究法也称"案例研究法"，是指以某种行为作为抽样基础，分析研究个人或群体在一定时空条件下的行为特点。个案研究的意义在于回答"为什么"和"怎么样"的问题，理解特定情况或特定条件下（单一事件中的）行为的过程。个案研究方法在法学领域和医学领域的应用已长达百年。医生依赖于个案研究的方法来诊断病症，律师将判例法视为法律研究的基本方法。20世纪以来，个案研究方法逐步在经济学和管理学领域得到了快速发展；21世纪以来，个案研究法已几乎成为所有人文社会学科的基本研究方法之一。

个案研究法也分为探索性（分析性）研究法以及实证性（验证性）研究法，前者是通过众多案例去寻找规律、方法，寻求方案用于新的项目；后者则是通过案例去验证某项假说或原理，对已有的方法或理论的具体运用作出示范与解释。探索性个案研究法一般用于预测消费趋势，引导消费潮流，为产品打入市场做好前期准备；实证性研究方法则多用于心理学领域，比如消费者对于产品的认知、理解与心理评价的效果如何等，为设计项目的完善与修改提供参考意见。

在案例研究中，常见的数据收集方法有文件法（documents）、档案记录法（archives）、观察法（observations）以及访谈法（interviews）等。观察与访谈是进行个案研究的基本功。

当设计研究的目的在于理解典型用户时，就有必要花费大量的时间与资源深入分析典型用户的个案。通常而言，成功的用户研究取样包含三类基本的用户群体：一类是专家用户；一类是新兴用户；还有一类是极端用户。比如，要设计一款在极端恶劣天气中穿着的户外徒步鞋，那么了解那些酷爱极地探险，或因工作所需长时期在户外劳动的用户是非常有必要的。他/她们对鞋履的温度、湿度、软硬度、防水度、防滑度、耐磨度、重量、附属功能等都存在着丰富的体验。对于新兴用户而言，他/她们可能对上述专家用户的核心需求也有要求，但程度上存在着显著的差异；但对于美观、时尚度、日常穿搭度、舒适度、清洁方式等次级功能的需求程度可能更高。所谓极端用户，是指并非该产品面向的主流用户群体，比较小众。比如针对户外徒步鞋而言，老年人、残障人士、儿童等人群可能是极端用户。这类人群的需求会比较特殊，比如老年人可能对鞋履产品穿着方式的简易程度、自身重量以及防滑程度等要求更高，最好还有GPS定位与极地遇险后的报警与自救援等功能。同老年人一样，残障人士、儿童等人群通常可以为产品的可用性提供重要线索，为设计师提供发现不易觉察问题的线索。

个案研究法既可以用于设计流程初期，作为获取用户需求、寻找产品机会缺口的方法；也能用于设计评价阶段，作为测试样机、获取用户反馈的方法，为下阶段产品升级换代设计提供参考信息。

6. 文化探究（cultural probe）

文化探究，也译为文化探针、探测等，来自英文"cultural probe"。探针（probe），指的是深入表象以下探取实质。文化探究目前已经是比较成熟、常见的设计研究方法，尤其在欧美国家的设计研究团队甚为常用。最早利用此方法的设计团队来自于20世纪90年代英国皇家艺术学院。

文化探究是一种收集信息的方法，不同于研究人员主动、直接的观察或访谈或可用性测试等，而是让用户利用提供的工具包自己收集信息。由参与者、潜在用户、研究对象等人群自己制作资料，比如利用一次性成像相机拍摄日常照片，填写带有启发性问题的明信片，记录日常日记，利用 N 次贴、彩笔等工具绘制思维地图等。视觉语言相对于文字而言，具有更形象的表意能力，能更为生动地讲述故事，能够帮助设计师理解某种生活方式中用户的典型行为及其意义。

除了提供照相机、录音笔、明信片、日记本、N 次贴、彩笔等小工具之外，文化探究工具包（kit）一般还附有使用手册，指导用户如何使用这些工具以及去收集哪些方面的信息（图 3-16）。比如，建议用户去拍摄他 / 她们最喜欢的厨房用具、最满意或最不满意的一餐饭、冰箱的全景等。由于所有的信息都来自于用户自己随意的收集与采集，因此文化探究方法也被理解为日记研究（diary studies）；所有的信息，不论是视觉的、影像的、实物的、文字的，都是一种日记形式。

文化探究尤其适用于发掘非主流用户的体验及其需求缺口。比如，长时间住院治疗的病患对于医院的整体体验、乌干达地区的民众对于"健康"概念的理解与接受程度、兼职车模的流动性工作体验等。

不过，由于用户并非受过专业训练的设计师人群，其收集的信息与资料很可能过于离散，而失去进一步分析与发掘的价值。因此，文化探究的方法需要划分为几个阶段去执行，比如，每周日记制作完成之后，设计师团队进行首次的检查与讨论，调整下阶段的日记方向与重点。文化探究往往会帮助设计师获取到很多珍贵视角下的独特体验，同时也是对是设计师解读数据能力的极大考验。面对同一用户提供的原始数据，不同的设计师可能会洞察出完全不同的产品机会缺口。

7. 角色扮演

角色扮演是一种以表演故事为方式的概念洞察与问题分析方法。这种方法创造了设计师与用户之间身体与思维的换位与共鸣。角色扮演从本质上将问题与概念直接联系在一起，能够获得对问题全局的认知。

图 3-16　各种文化探究工具包

角色扮演包括心理角色和身体角色两种方式。心理扮演可以随时随地进行，在设计师脑海当中就能完成，通过特定的思考就能进行，有时候也会伴随语言或声音。身体扮演则是更为生动、具体、真实的行为互动，既需要特殊的空间——越接近真实的情境越好，又需要生理条件的模拟，还需要社会身份、行为习惯、生活方式的模仿等。总而言之，角色扮演要尽可能地符合用户的性格和特点。比如为病患用户开发医疗器械产品时，由于其特殊的生理与心理条件，设计师很难"以己度人"地凭空想象，角色扮演作为获取用户需求的方法价值更大。

本章重点与难点

（1）"以问题为中心"的设计程序，即分为发现问题、思考问题、解决问题三个部分。

（2）发现问题是设计的第一步；观察是发现问题的必要途径之一；洞察是从观察得到的海量数据

中发现有价值的线索——有可能是作为现象的问题，也有可能是用户群体尚未被很好满足的需求。

（3）产品机会缺口，是指由于环境、背景、趋势、技术条件等语境的改变，从而产生的潜在的、新的产品机会——还未被现有产品所满足。

（4）需求缺口：对设计的对象而言，存在的问题即产品机会缺口；对于设计对象服务的用户而言，存在的问题即所谓需求缺口。需求缺口就是设计师下一阶段工作的主要任务；发现新的需求缺口是一件越来越困难的事情；需求缺口的发现是非常有价值的产品开发资源。

（5）UCD（以用户为中心）的设计，最早是指一种界面设计方法，通过全范围地关注设计流程的每个阶段，去发掘产品终端使用者的需求、欲求以及局限性，现被广泛运用到各类设计领域的用户研究之中。

（6）对各种用户研究方法的理解、运用与反思。

研讨与练习

3-1 观察、洞察、问题、需求这4个概念之间的联系是什么？这4个概念与设计的关系是什么？

3-2 从观察开始设计：随机挑选两位学生，其中一人作为被观察对象，另一人根据观察对象书包里随身携带的小物品，包括钥匙、手机、钱包、笔袋、书包、鞋履、水杯、口香糖、餐巾纸……，推测观察对象的生活习惯、兴趣爱好，并为其设计一款手机壳，主要包括造型与图案，并简述设计的理由；观察对象对手机壳设计作出评价，并对对方的观察与推测作出点评。

3-3 以5人为一小组，分别以以下人群作为观察对象，撰写观察日记，最终以PPT形式进行答辩与研讨。具体要求如下：

（1）小组成员分工：拍摄视频1人，拍摄照片1人，观察采访1人，观察与日记撰写1人，PPT制作1人。每个人必须要实际参与其中，最终答辩人选由老师随机指定，答辩分数将占每一位成员个人分数的80%。

（2）选题随机分配：每一个选题平均有2~3个小组参与，以学生实际人数为准。

① 校园中打篮球人群在运动途中的补水需求观察；

② 小区的老年人照看孙辈的场景观察；

③ 非高峰时期乘坐地铁人群的场景观察；

④ 校园图书馆存包处的场景观察；

⑤ 校园周边快递服务的场景观察。

（3）PPT最终答辩时，必须明确提出由小组成员共同洞察出的"产品机会缺口"5~10个。

（4）必须使用本章介绍的用户研究方法1~2种，并呈现出研究过程与结果。

推荐课外阅读书目

［1］［美］Jonathan Cagan, Craig M. Vogel. 创造突破性产品——从产品策略到项目定案的创新 [M]. 辛向阳，潘龙，译. 北京：机械工业出版社，2003.

［2］［芬］Koskinen, 等. 移情设计——产品设计中的用户体验 [M]. 孙远波，等，译. 北京：中国建筑工业出版社，2011.

第4章　设计思维：创新与体验

如果整张考卷上只写着一个词"亲密"，要求围绕这个词设计一款灯具，你要在90分钟内完成20个方案，你有信心完成挑战吗？牛津大学万灵学院的入学考试，便设有类似的特殊环节，要求学生在3小时内围绕一个词写一篇文章，比如"无罪"、"水"、"奇迹"等。这样的挑战不存在标准答案，但学生的知识储备、联想力、想象力以及创意思维能力都能从设计方案或文章中得到基本反映。

设计能不能学好，除了基本的方法与技能训练之外，思维方式也很重要。可以说，方法与技能是决定设计师是否合格的基础要求；而思维方式则是决定设计师事业高度的进阶要求。换言之，是否掌握并能运用设计思维、是否学会了"像设计师那样思考"，是判断工业设计专业的学生是否正确入门的关键判断准则，也是设计初步这门课程的核心诉求。"超以象外，得其圜中"，设计思维是设计师素养的精髓所在。

什么是设计思维？是不是就是指"设计师的思维方式"？设计思维的定义与特点是什么？价值如何？如何训练设计思维？有哪些具体的方法与工具？创意思维（creative thinking）、批判性思维（critical thinking）、创造性思维方式（innovative thinking）各自的异同点是什么？与设计思维的关系如何？这些问题将会在本章得到解释与说明。

4.1　设计程序之思考问题

在"以问题为中心"的设计程序中（参见图3-1），思考问题是第二阶段，也是整个流程中技术含量最高、最能体现设计难度与价值的环节。经过了长时间的用户研究，发现了很多值得探究的问题与需求缺口，哪些是值得进一步发掘并开发为产品机会缺口，这是第二阶段——思考问题时需要确定的首要问题。如果说，第一阶段——发现问题阶段，还有很多章法可供依循与参考，只要方法得当，就能按图索骥得到很多数据或发现问题；但在第二阶段——思考问题阶段，一名设计师的业务能力、职业素养、天赋灵气等，将会得到淋漓尽致的呈现。创造性思维方式、创意与灵感、设计思维等的娴熟与丰富程度，将是决定设计风格与水准的关键。

设计思维并不是设计程序当中某一个特定环节需要的，它贯穿整个设计流程的始终。正如美国设计咨询公司IDEO的总裁蒂姆·布朗（Tim Brown）所说，"成为一名设计师"与"像设计师一样思考"是两件截然不同的事。

4.2　像设计师那样思考

　　每个人都可以设计，正如每个人在日常生活中无处不在地施展着设计的力量：将书页一角折起来当书签，将拖鞋作为临时的门挡，重新布局家里的家具……"每个人都是设计师"的这种说法，暗示了每个人都具有设计的能力，但是否意味着每个人都具有设计师的思维方式呢？设计师是如何思考的？

　　罗伯特·戴维斯（Robert Davies）曾经在1985年非正式地采访了英国皇家工业设计师协会（Faculty of Royal Designers for Industry）的35位成员。这是一支由多领域设计精英构成的设计师团队，最多的时候成员也不会超过100人，专业领域包括平面设计、产品设计、家具设计、纺织品设计、时装设计、工程设计等。在采访过程中，很多设计师在谈到他们是如何产生创意时，结论是颇具挑衅的两个字"直觉"。直觉——创意形成的实质性瞬间，"灵感"是其近义词之一。"直觉"一词代表了一种"轻而易举、不费吹灰之力"的轻松感，言说出优秀设计师无意识思考的优越感。这些直觉是天生的，还是经过多年学习、训练、知识积累之后形成的一种职业敏感特质呢？当前思维研究的结果倾向于如下结论：直觉确实与天生资质有关，但通过长期的训练与知识积累，是可以逐渐培养的。

　　"像设计师那样思考"并不具有固定的思维模式，而是指设计师们在工作状态下的思维与行为特点，比如"以图代言"——视觉思维优于抽象思维（图4-1）；机会主义者——对各种可能性持有开放心态并不急于妄下判断；敏锐观察家——对差异高度敏感，尤其是与设计相关的各种环境、人以及物品所持的细节与变化等；眼力准——能够准确洞察出哪些是有意义的机会缺口，一旦定位目标方案就会迅速"忽视"其他干扰条件；完美主义者——希望把一件事情做到最好；等等。

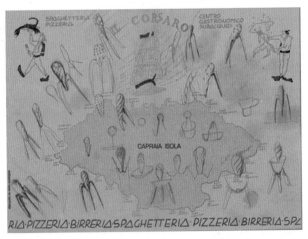

图4-1　"以图代言"的设计师思维方式：法国鬼才设计师菲利普·斯塔克（Phillip Starck）设计的榨汁机及其草图构思过程

4.3　设计思维

4.3.1　什么是设计思维？

　　英国设计研究领域的知名教授奈杰尔·克罗斯（Nigel Cross）曾出版过众多著述探讨设计师的认知行为与认知能力的特点，他提出："设计的核心是建立模型的'语言'；使学生掌握这种'语言'成为可能，就好比他们能够掌握科学的'语言'（计算能力）和人文的'语言'（读写能力）一样。"这一观点实际上也指明了设计思维的核心特点之一，以建模作为表达方式，以图示的方法来综合呈现、整理、分析复杂的信息。设计师关于"建模"的视觉化语言能力将在第5章详细介绍。

设计思维是一种在人类生活各个领域发展创新概念的新方法。IDEO创始人、斯坦福大学的大卫·凯利（David Kelley）认为，任何一个真正创新的想法或概念一定发生在多学科背景合作的团队里，是不同的观点、视角、知识背景相互碰撞的产物。

在IDEO总裁蒂姆·布朗的著作《IDEO，设计改变一切》中，对于"什么是设计思维"给出了详细的见解：

设计思维不仅以人为中心，还是一种全面的、以人为目的、以人为根本的思维。设计思维依赖于人的各种能力：直觉能力、辨别模式的能力、构建既具功能性又能体现情感意义的创意的能力，以及运用各种媒介而非文字或符号表达自己的能力。没有人能完全依靠感觉、直觉和灵感经营企业，但是过分依赖理性和分析同样可能会对企业经营带来损害。居于设计过程中心的整合式方法，是超越上述两种方式的"第三条道路"。

在布朗的观点中，设计思维主要包含了以下特点。

（1）全面的、以人为本的思维方式；

（2）综合能力的体现：直觉、模式辨别、功能与情感的表达、各种媒介运用；

（3）对感性与理性、直觉与分析等左右脑思维方式的超越。

除此之外，设计思维还具有以下特点。

（1）接受约束：人们常说设计师的工作是"戴着脚镣跳舞"，没有约束就没有现实可行的设计。比如，面向地震灾区灾民的紧急避难临时住所的设计，只有在非常苛刻的条件下才能实现：材料轻质坚固且成本低廉、结构必须牢固抗余震、保暖或散热性能要好、安装拆除方式要简单快捷等（图4-2）。

（2）保留独立性的团队合作能力：在每一个成熟的设计团队中，除了设计师，还有心理学家、社会学家、人类学家、工程师、科学家、营销专家等多学科人才。正因为如此，设计师要学会在如此跨学科的环境中成为"T型人"：纵向上具备一定深度的专业技能，同时在横向上要学会兼容并蓄，并驾驭运用跨学科的合作意向。

图4-2　德国IF奖概念设计奖：临时性救助所设计，2010年

4.3.2　创意思维

对大多数人来说，创意思维是比设计思维更熟悉的概念。创意思维是指用来发展那些独特的、有用的以及值得进一步开发的想法或概念的过程。

创意思考者（creative thinker）具备以下思维特点。

- 解决问题时摒弃标准化格式；
- 对相关的、差异化的领域持有广泛兴趣；
- 对于一个问题能够形成多个视角的看法；
- 在解决问题过程中使用试错的方法，不断尝试；
- 具有大局观（a future orientation）；
- 对于自己的判断持有信心。

如何提高自己的创意能力，以下对于初学者而言是比较容易掌握的方法和建议：

- 总是记录自己的想法。很多时候想法会不期而至，如果不及时记录，可能会转瞬即逝。被誉为最有创意的天才型人物的达·芬奇，就为后人留下了大量的视觉笔记，以或写或画的方式将他头脑中的各种奇思妙想记录下来（图4-3）。

- 每天都对自己提出新的问题，以此来保持头脑处于创意激活的清醒状态。

- 实时关注设计专业领域的各类信息：杂志、期刊、文献、博客、论坛等，以确保在解决问题、出设计方案的时候，不会用过时的技术或概念。

- 发展各种创意爱好或兴趣，比如数独游戏、脑筋急转弯、看漫画猜题目等，既可以帮助自己放松，也有助于创意智力的开发。

- 勇敢而自信。在面对难题时，敢为人先，并坚信自己终能克服万难、找到方法并解决问题。首先说服自己，然后才能说服客户与上司，采纳自己的方案。

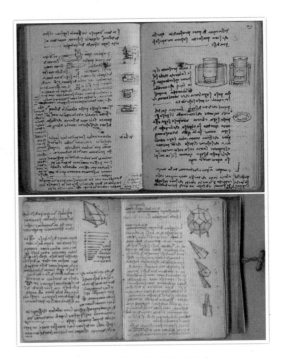

图4-3 达·芬奇的笔记本

- 逐步认识与了解你自己。通过认识自己的真实能力、技术、弱点、偏见、喜恶、期望、恐惧等，才能有针对性地提高自己，成为更加成熟的设计师。
- 了解设计专业以外的知识。当你涉猎越广泛的时候，思路会越开阔，方案也会越有创意。
- 避免"铁板一块"的固定思维模式，习惯性、有意识地去更换视角看待问题。总是发展出三个以上的备选方案。
- 保持开放的心态去接受各种观点。新观点往往是脆弱的，因此要不断地试探其背后隐藏的其他可能性，只有这样才能强化新观点的合理性，或回到原点重新思考。

实际上，创意思维也是设计思维的另一种描述；前者的运用范围更加广泛一些，在各个领域都需要创意思维。而设计思维，除了拥有创意思维的特点之外，还具有针对设计行为的本质——为人的需求服务——所需的各种属性。

4.3.3 批判性思维

批判性思维是用来反思、评估及判断自身以及他人观点及其假设的过程与思维方式，对各种"习以为常"、"司空见惯"、"理所当然"的现象、看法、行为提出质疑。

批判性思维的组成部分包括：

· 识别和挑战已有前提、假设；

· 认识语境的重要性，并重新考察；

· 想象、探索替代性方案；

· 发展反思性的质疑。

对于设计师而言，批判性思维是一种非常难得的思维方式。它意味着对于现有的各种方案（产品设计）能够提出不同的看法、批评或改进意见。在苹果公司前 CEO 乔布斯（Steve Jobs）的 iPhone 出现之前，消费者与市场对于手机的终极想象不外乎在造型、翻盖模式、屏幕大小、色彩等方面制造"新"花样；没有人会预想到，iPhone 的出现不仅对智能手机行业起到了树立原型与标杆的作用，同时也颠覆了好几个传统行业，比如卡片照相机、MP3、软件程序、教育等。乔布斯对 iPhone 以及若干苹果经典电脑产品的规划与设想便是批判性思维的最好表现。早期苹果标志的口号便是"think different"，也是批判性思维的典型（图 4-4）。

图 4-4　乔布斯与苹果经典产品

4.3.4　大脑模式与左右脑思维

2000 年诺贝尔生理学或医学奖得主、美国神经科学家埃里克·坎德尔（Eric R. Kandel）曾将大脑比喻为一台创意机器。脑科学研究表明，位于前额正后方的额叶决定着大脑的创意质量。当人们进行创意性思考时，大脑中负责自我监控的那部分功能处于休眠状态。利用功能性核磁共振成像技术，观测到在音乐家即兴表演的过程中，额叶中负责决策判断的部分并不活跃，说明人在处于创意性思维模式的时候，大脑自动屏蔽了对于新想法的干涉或抑制功能。换言之，创意思维比较丰富的人群，他/她们的大脑非常善于在必要时刻关闭自我监控功能，给想象力与创意更大的发挥空间。

脑部分区的研究表明，大脑的两个半球在认知事物和具备的知识两方面存在较大的倾向性与差异。大脑左半球控制语言功能和逻辑思维能力，是主要功能脑半球；大脑右半球则属于辅助性脑半球，擅长于审美与情感表达、脸部与物体识别、空间构造等能力（图 4-5）。因此，如果大脑的右半球受到损伤，就会直接削弱与直觉、艺术、审美、绘图、视觉识别等相关的设计能力。一般而言，天才型的设计师都是右脑比较发达的人群，他们在专业领域表现得才华横溢、光彩夺目；但在日常生活中，则多是寡言少语、低调行事、不善言谈社交的性格。大多数成功的商业设计师，则是充分调动了左右脑

图 4-5　脑部分区功能示意

思维优势进行利用的综合性人才。一方面，他们需要良好的口才、缜密的商业计划与管理模式（左脑）；另一方面，也需要敏锐的艺术与审美天赋，帮助其创造更多更好的方案（右脑），两者不可偏废。

身体调度方面，左脑控制着右边身体；右脑则主控左边身体。据美国科学家研究，15% 的人是左撇子，男性成为左撇子的概率是女性的两倍。据调查，受过大学教育的男性当中，左撇子比右撇子拥有多 15% 的财富，而在已完成大学学业的男性当中，这一数值则达到 26%。事实证明，很多"左撇子"人群都富有艺术感悟力与视觉表达能力；苹果公司的 5 个原创设计师有 4 个都是左撇子。

4.3.5 创意飞跃

是否具有创造力的设计思维，往往以是否存在创意飞跃（creative leap）或灵感闪现（sudden mental insight, SMI）等关键性瞬间的出现为判断标志。

1996 年，美国卡内基梅隆大学两位学者奥姆·埃金（Ömer Akin）与塞·埃金（Cem Akin）以经典游戏——九点连线来研究创意思维的特点与过程。他们提出，要达到创意飞跃、获取灵感闪现的瞬间必须先要打破定式思维框架下的参照系，并能建构新的参照系从而形成创意。

所谓九点连线，指的是用 4 根连续的直线将以三横三竖方式排列的 9 个点连起来（图 4-6）。

大多数受试者表现不佳，主要为定式思维所困扰，始终在 9 个点形成的隐形方块范围内画出 4 条线，但正确答案却需要受试者勇敢地走出思维定式、在盒子之外进行思考。试验证明，一旦打破阴影所示的定式参照系，就能很快产生创造性的解决方案。

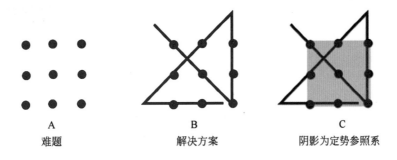

A
难题

B
解决方案

C
阴影为定势参照系

图 4-6 九点连线难题及其解决方案与关键步骤

4.4 创造性设计思维

约拿·莱勒（Jonah Lehrer）是一位以神经科学为主题的作者，2012 年，他在《想象：创造力如何运作》（*Imagine: How Creativity Works*）一书中指出，创造力的实现主要取决于人们的想象力。

书中，他分享了一个关于设计创新的案例。宝洁公司（Procter & Gamble）是一家世界领先的日用品企业，每年投入大量资金在研发环节，并与诸多美国顶级大学的化学专业博士生合作，比如麻省理工学院、加州大学伯克利分校以及哈佛大学。宝洁一直希望研发出一种强力化学制剂，在清洁地板的同时又不会对地板造成腐蚀。结果，这一看似简单的问题却难倒了所有的化学天才们，无奈之中宝洁将这一难题外包给一家位于美国佐治亚州亚特兰大、名为"连续体"（Design Continuum）的设计公司，并希望设计团队能够尝试一些疯狂的方法，尤其是那些化学手段之外的思路。

"连续体"的设计师团队从人类学观察方法开始了用户研究，连续几个月观察、分析用户居家清洁地板的视频之后，他们发现：人们用于清洁拖把等工具的时间远远超过了清洁地板本身。换言之，清洁工具本身比地板更难清洁。比如人们为了彻底清洗，甚至会到每天沐浴要用的浴缸里去清洁拖把，弄得浴室周边全是污渍，总之是相当糟糕的体验。连续体公司的总裁韦斯特（West）当时甚至绝望地提出："这世界上估计已经不存在好的拖把设计改良方案了，拖把这个工具应该被彻底替代。"就在难题似乎无解的瓶颈期，设计师们在观看一个老太太清洁咖啡桌的视频中找到了灵感。老太太在用完常规的刷子与簸箕之后，顺手拿了张纸巾，往上喷了些喷雾，把残留在桌子上的咖啡粉渍一并抹去，扔到垃圾桶里。"一次性的拖把头"、"无须清洗"、"干净、卫生、高效"……突然间，老太太的无意之举，或者说是大多数人曾有过的体验，成为了新型拖把设计的原型。

可惜的是，宝洁公司对这个创意并不满意，他们希望得到的仍然是传统的、依赖化学原理清除污渍的产品。好在"连续体"设计公司的高管们没有放弃这个创意，在随后的一年里继续开发试验，最终推出了更换拖把布——一次性替换的温和方案，名为"Swiffer"的拖把，畅销全球（图 4-7）。

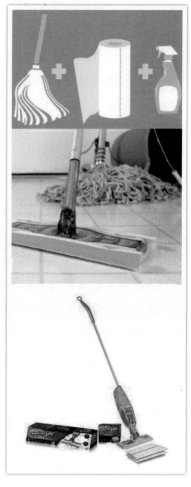

图 4-7　Swiffer 拖把设计原型及其最终产品

4.4.1　6 种基础元素

本节仍然以 Swiffer 拖把的设计故事为案例，来分析构成创造性设计思维的 6 种基本元素（图 4-8）。知识储备、资源与氛围三者属于外部因素，而好奇心、想象力与洞察力则属于内部因素。前者主要依靠后天的学习与积累，后者一部分与天赋有关，同时也能通过有意识的培养、训练而获得。

图 4-8　创造性设计思维的 6 种基本元素

需要指出的是，所谓 6 种只是一个概数，只是为了方便初学者学习并快速理解创造力发生的机制而采用的简要说法。除了以下 6 种元素之外，仍然有大量其他的视角来解释创造力这一谜题。

1. 好奇心

《思考的艺术》（*The Art of Thinking*）一书的作者文森特·拉吉罗（Vincent Ruggiero）以前也做过工业设计师。入职第一天，上司安排给他的工作是，除了在工厂里及其周围散步之外什么也别做，任务只是向每一件你看到的东西提问，并记录下这些问题。每天下班的时候与上司用半小时来分享这些问题。这个方法为工厂发现了很多有待提高、改善的问题。任务看似简单，但如果没有好奇心是很难完成的。

好奇心是设计师职业的乐趣，也是难得的天赋之一，甚至被认为是获取创意与灵感的秘密武器。设计师时常需要从生活的各个层面、体验与细节之中去观察、去领悟，从而获取灵感，因此，设计师的脑海里时常会冒出"十万个为什么"，以及"为什么一定要这样""为什么不能那样"的好奇追问。西班牙设计师 El Último Grito 利用玻璃设计出一座超出传统认知范围的城市模型，正是其强大好奇心与想象力的典型表现（图 4-9）。

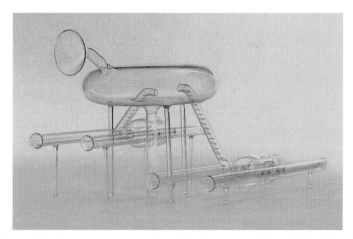

图 4-9 西班牙设计师 El Último Grito 用玻璃设计了一座超出想象的城市模型（2011 年）

英国赫特福德大学心理学家理查德·威斯曼设计了一个心理实验来了解性格与运气之间的关系。实验对象被分为两组，一组为自认为是生活的幸运儿，另一组则自认为是倒霉蛋。给实验对象分发一张完全相同的报纸，要求他们数清楚报纸里一共有多少照片。实验结果很有趣，第一组对象大多数在几秒钟内完成了任务，准确率百分之百；第二组对象则花了几分钟，而且准确率很低。原来提供给实验对象导读的实验手册经过了精心设计，里面有两处醒目的提示信息：第一处在封面内页，里面用 5cm 大的字写着"别数了，有 43 张图片"，"幸运儿"组员都看到了这句话，而"倒霉蛋"组员则只顾埋头数数；第二处在手册中间，写着"别数了，告诉实验员你看到了这句话，将会奖励你 250 美金"。可惜的是，没有一个实验对象看到这句话。实验结果说明了两点：第一，不同心态的人观察世界的方式不同，有的人充满好奇、四处张望，有的人只顾埋头完成任务；第二，无视周边环境的信息，缺乏敏锐的观察力与好奇心，将会错失良机。

在 Swiffer 设计案例中，如果没有好奇心"为什么老太太要扔掉一次性纸巾，而不是使用抹布？"如果没有"为什么一定要清洗拖把等清洁工具而不是直接替换掉"等"不合常理"的质疑，很可能就不会有后面想象力的进一步发挥。学着成为一个充满好奇心的人，不仅会使日常生活变得更有乐趣，也会让作为设计师的你变得更为敏锐。

我们通过适当的锻炼可以重建身体肌肉与线条，同理，通过合理的方式也可以成为富有好奇心的人。对于重拾好奇心，这里提供以下 6 种具体的方法：

（1）学习成为一个善于观察的人；

（2）尝试去发掘事物不完美的一面；

（3）记录下自己和他人的不满与抱怨；

（4）寻根溯源，刨根问底；

（5）对暗示保持敏感；

（6）在辩论里发现机会。

2. 想象力

要想创造性地解决问题，一种方法是通过产生大量想法，另一种则是激发想象力。受限于舆论压力，很多人都倾向于隐藏、压抑那些与常规相悖的想法，可惜的是，这些想法极易催生创意。所有颠覆性的伟大发明都曾经历过严重的质疑与嘲弄。爱因斯坦也曾说过，"我相信想象力……想象力比知识更为重要"。对于想象力已经被严重挤压的我们而言，要重新激活想象力可能需要以下策略。

（1）加强非常规反应——人们最先注意到的总是那些循规蹈矩的方法。面对一个问题，首先写下大多数人都会想到的初步想法；当思路逐渐枯竭时，可以将"大多数人肯定不会怎样想"作为方向，列出那些看似疯狂、可笑、无理的想法。不要一开始就急着否定，在寻找方案的过程中要尝试保持更为宽容的态度。

（2）运用自由联想——由一个想法催生另一个想法，解除所有对思维的束缚，不要放过任何一个联想。这个方法有助于提取相关信息，也许会产生空想，但在锻炼想象力的环节，空想并不意味着错误。

（3）运用类比——在不同事物中寻找一个或更多的相似点。比如，将奔跑与猎豹、茶壶与人体曲线、太阳与温泉等作类比。历史证明，创造性思维经常会发生在某人将专业领域与其他事物相联系的时候。这一事实也证明了博学的优势，狭隘的知识面与视野对创造性思维具有负面影响力。德国人约翰·古登堡 (John Gutenberg) 在观察葡萄榨汁机如何运作的过程中萌生了印刷机的想法。面对问题时，可以多问"看上去像什么"、"闻上去像什么"、"摸上去像什么"、"听上去像什么"、"尝起来像什么"等。

（4）寻找不同寻常的组合——这种方式往往能产生令人惊喜的创意。将手电筒与头盔结合形成了矿工专用安全作业帽，轮子和椅子结合产生轮椅，书包与睡袋结合形成婴儿背带，拖鞋与抹布形成懒人拖把……。美食领域的组合案例更多，如糖浆与水果组合形成糖葫芦等。

（5）将解决方法视觉化——当所有相关信息以视觉化方式呈现在眼前时，会更为有效地激活想象力，联想、类比、组合等也更容易实施。思维导读、草图等对于设计构思而言都是必需的方法。

（6）建构相关情境——为某个问题建构具体的使用情境，比如解决供水问题的主要目标人群、特点、生活环境、气候等。在具体的情境里，那些相关信息更容易激发想象力。

从拖把、纸巾、清洁剂三个元素，想象到一个完整的 Swiffer 产品原型，是创造力发挥作用的关键一步。创新的关键就在于将看似互不相关或联系不大的事物结合起来，产生新产品。要做到这一点，想象力功不可没。与其他创新能力一样，想象力也可以通过不断练习而得到锻炼与强化。比如，试着以下两件事物结合起来创造出新的事物：苹果＋地图、树叶＋门挡、花瓶＋鞋子、海绵＋杯子……（图 4-10）。

厄瓜多尔的插画家哈维尔·佩雷斯（Javier Perez）擅长利用各种日常事物进行联想，创造出新的插画形象（图 4-11）。

图 4-10 想象力训练

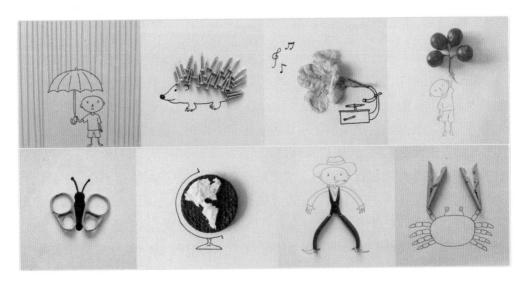

图 4-11 以想象力作画

3. 洞察力

正如第 3 章所述，洞察力指的是能够从海量的数据与信息中准确识别出那些机会因子；因此洞察力有时候也被理解为"直觉"或"顿悟"。在 Swiffer 设计案例里，设计师在用户研究阶段要观看大量的用户生活视频，有的人就能够准确地发现"老太太"案例——用纸巾加试剂组合方法的独特性及其可借鉴性。这种洞察力有赖于各个方面的积累，包括生活经历、人生历练、学习教育等，是一个不断积累生发的漫长过程。不过，在初学阶段，如果能够有意识地去锻炼自己的洞察力与发现能力，会有助于缩短洞察力成熟的时间（图 4-12）。

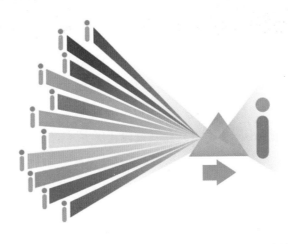

图 4-12 洞察力意味着能迅速准确地发现设计的创意线索

4. 知识储备

从上述案例看来，创造力的实现似乎直接来自于观察与想象；如果只是这样，我们便忽视了一个重要的基础条件——设计师的知识储备。如果不是这样一群了解用户研究方法与原理，掌握人类学、民族志等研究手段，熟知设计程序，对生活有足够经历积累与感悟的设计师，而换成普通人或者那些热衷于分子、原子知识的化学家，面对几个月以来拍摄的用户视频，可能也无法从观察当中洞察到什么有价值的线索。一个人的知识储备决定了他／她将站在怎样的高度与深度上来看待事物，它也是能否实现创造力的基础。

5. 资源

资源指的是在设计与调研过程中可以利用与借鉴的各种形式的有利条件。在宝洁公司委托"连续体"设计公司创新地板清洁工具的案例里，尽管最终产品 Swiffer 的设计主要来自于"连续体"设计公司的坚持及其不间断的原型测试，但也不应该忽视宝洁公司对整个项目提供的化学制剂以及日用品市场的行业知识与经验。至少宝洁公司节省了实验各种化学制剂方案的时间，引导"连续体"设计公司从非化学方式去寻找创新方法的方向。

对初学者而言，尽早养成积累资源的习惯是很有必要的。比如阅读期刊杂志，浏览网上博客、论坛时，遇到好的案例、优秀的产品设计、设计师介绍、设计方法等，要及时保留、整理并归类。除了知识资源之外，人脉资源对于做好设计也有重要的作用。利用各种机会去结识理工科、人文学科专业的同学和老师，拓展思路与眼界，多参加校内外设计比赛、设计会议也是积累人脉资源的好方法。尽早确定专业兴趣，并寻找实习公司，也是拓展资源的有效途径（图 4-13）。

图 4-13　优秀海外设计类杂志

6. 氛围

不同文化、不同地理条件、不同生活方式相互碰撞，更容易创造出新东西。凡是处于世界文化交叉地带的城市，都比较容易成为创意都市，比如古亚历山大港、伊斯坦布尔、香港、纽约、台北、伦敦等。由于更容易吸引到不同文化价值观念以及知识背景的人才前往，在不断的碰撞与冲击之下，更容易催生创意与观念。在美国学者安娜里·萨克森宁的《地区优势》一书中谈到，硅谷的创新主要来自于个体之间、企业之间无障碍的文化交流。各个文化背景的 IT 人才聚集在硅谷，已经消解了单一的文化价值体系；同时，企业分布集中，各种生活场所可能就会成为交流与制造商业合作契机的地方，比如咖啡厅、公开讲座、需要家长参与的各类校园活动等。

在大学里，各种全校范围的公共选修课是最容易拓展多学科背景社交网络的场所。不同专业背景、兴趣爱好、文化背景的学生聚集在一起，互相交流各自的学科或专业选题，交换想法，获取灵感。一个开放的、自由的、鼓励交流的环境，是创意产生的基础条件之一。这也是为什么所有的企业、设计公司、团队在进行头脑风暴或需要达成某些创新观念的时候都会特别精心地安排场所：要么集中在设备齐全的会议室，那里有大型看板可以把所有人的想法画出来、写出来，粘贴上去供大家观看思考；要么到户外环境优美、能够解放心情、放松心灵的地方，来进行研讨。

谷歌（Google）公司在苏黎世的办公大楼即为员工提供了氛围幽静、模仿大自然环境的冥想室：深蓝色的墙壁模仿海底的静谧感，配合柔和安谧的光线，在平躺的沙发上眯眼休憩，恐怕再多的工作烦恼也会随之消散。位于马德里的西班牙建筑公司 Sledges Cano 的森林式办公室，整个建筑好似置入原始森林中的盒子，抬头即能近距离、无遮挡地看到整个自然（图 4-14）。

图 4-14 位于马德里的西班牙建筑公司 Sledges Cano 森林办公室

伊万·麦金托什（Ewan Mcintosh）是一位为公共服务提供数字媒体技术的英国专家，他提出了 7 种有助于实现创意能力的空间类型或环境氛围，分别是私密空间（secret spaces）、集体空间（group spaces）、自我表达空间（publishing spaces）、行为空间（performing spaces）、参与空间（participation spaces）资料空间（data spaces）以及观察空间（watching spaces）。[①]

（1）私密空间：指独处的、能够不受打扰地进行独立思考的空间。不一定是室内的，也可以在室外。比如盘腿坐在草坪上戴着耳机听音乐就是一种不愿意被打扰的肢体符号。

（2）集体空间：团队成员之间的交流、讨论、问答等环节既有助于形成亲密且彼此信任的情感基础，还能促进任务的快速准确解决。食堂里的聚餐、熄灯之后的卧谈会、上下课路上的小群体聊天、等待电梯时的有主题闲聊、课堂上的小组讨论等，都是这类物理空间发挥效应的形式。

（3）自我表达空间：进入 21 世纪的信息时代，随着社交媒体（如 QQ 空间、微博、微信、Facebook、Twitter、Instagram、Pinterest、Flicker）的逐渐成熟并成为当代人生活方式的一种必要内容，自我表达已然成为大多数人实现自恋、怀旧、炫耀、宣传等目的的手段。实际上，自我表达也是激发创意的好方法。自我表达的真实感使心情更为放松，更容易呈现出富有创意的画面；另外，家里、教室里、宿舍里、工作室里的墙面、黑板、门后等地方贴的各种日程表、备忘录、计划小结等将信息视觉化处理，也会易化思考问题的复杂程度。

（4）行为空间：在针对某些问题进行讨论的时候，角色扮演、游戏等方式可能更容易发现问题，找到机会缺口。比如大多数高校在上设计专业课时，都会倾向于将面向讲台的课桌调整为向心形式，

---

① 详情可参见 http://edu.blogs.com/edublogs/2010/10/-cefpi-clicks-bricks-when-digital-learning-and-space-met.html。

桌子中间形成一个空间用来进行行为表演。在香港教育学院设计学系的专业教室里，课桌都是圆周曲线型，可以按照主题随时组合为所需的桌椅形态。

（5）参与空间：多指室内大型或室外开放空间，能够为组员提供全员参与的空间环境，比如操场、花园、模型室等，每个人都能边说边做，实际操作与主题相关的活动，促进思考。

（6）资料空间：分为真实资料空间和虚拟资料空间，前者主要指图书馆、档案馆、博物馆等公共服务空间；后者指的是互联网资源，包括各种线上的数据库、论坛、专业博客、搜索引擎等。一般而言，处于能够同时利用两种资料空间的场所，更容易提高资料利用率与工作效率。比如，在图书馆里，一边查阅纸质图书，一边查找线上数据库等资源。

（7）观察空间：指的是从某一主题场景抽身出来，成为隐形的观察者，更为冷静、客观地观察用户与产品交互的各种情节。比如，在机场候机的时候，安静地观察来来往往的人群，观察他们使用的行李转移工具。或者看电视、电影、戏剧以及摄影等活动，都有助于形成观察空间，触发灵感形成。

4.4.2 体验：设计思维

直觉与灵感是从事设计或艺术行业的专业人士可望而不可即的一类智力资源，听上去好像很神秘，好似非天赐不可得。实际上，对于创意思维能力的训练在国外已经成为相对较为成熟的产业，很多设计咨询公司或智库企业都对社会公开提供收费类课程。这说明，创意思维、批判性思维、创造性思维，以及设计思维都可以通过训练与学习逐步实现。直觉也好、灵感也罢，是在对设计思维的意识、流程、手段与方法等环节逐渐熟悉的基础上，才会变得常见与可控。图形联想便是针对初学者，锻炼、检测其联想力、想象力以及发散思维等能力的有效训练方式之一。

1. 图形联想

针对给定的主题图形，分析并概括其主要特点，利用这些特点分别联想出与之相似的其他物体并以手绘方式画出来。比如，从图形"香蕉"出发，进行图形联想训练。香蕉的特点主要有曲线型、剥皮食用、内白外黄等，针对上述特点可以分别生发出诸多方案，比如利用其弯曲的造型，可以联想到驼背、鸭子、台灯、花瓶等；利用剥皮食用的特点，不难联想到花瓣、动态肢体等，如图4-15所示。

图4-15　以香蕉为主题的图形联想训练

在进行图形联想训练时，可遵循如下步骤。

（1）对主题图形的主要特点进行分析与分类，分别得出若干特点，可用 A、B、C 等进行编号；

（2）分别针对特点 A、B、C 等进行想象联想。比如针对特点 A，分别从衣食住用行 5 方面，以及动物、人物、自然现象等共 8 个角度进行联想，至少可以得出 8 个方案，A1～A8；针对特点 B，也分别从上述角度进行联想，至少可以得出 8 个方案，B1～B8，以此类推。针对你能分析出的特点个数 n，那么至少能够得出的方案总数就是 $8*n$ 个。

读者也可以自己命题或以 2～3 人小组为单位互相命题进行训练。在选择主题时要尽量选取形态简洁的事物，而且最好是大家比较熟悉、体验较为丰富的事物，这样对初学者而言难度比较适中。

初学者可以通过以上方式有效地组织思路，并有意识地引导思维发散，从而避免停留在某一个思路里"无法自拔"。比如从"条形码"开始联想，比较容易定位"条纹"的形式特点；以此出发，便会得到斑马的图案、马路上的人行横道、钢琴键、珠帘、成行的眼泪、直尺上的刻度、成串的雨水、栅栏、书籍的侧面等（图 4-16）。除此之外，条形码还具有其他特点，如排列秩序感、黑白间色、节奏感、光感、重复性、长方形等。

图 4-16 以"条形码"为主题的图形联想训练

在图形联想训练中，初学者应有意识地体验以下几种思维状态。

（1）体验构想与评价分开的感觉：暂时只管多想方案，而不要管这个方案的质量与价值；不要一边想一边判断这个想法好不好。

（2）体验追求数量的感觉：方案越多越好，数量优先；想出一个方案后，马上放下，即刻进入新的创想阶段。

（3）体验"穷途末路"的感觉：对于初学者而言，平均每人想出 5～6 个方案之后，便会陷入第一次的停滞状态，似乎已经没有新的思路了。不论如何抓耳挠腮、咬嘴唇、啃笔头，都无法改善，说明此时的思维陷入了瓶颈。

（4）体验"灵感天使"降临的感觉："穷途末路"之时可以闭上眼睛，想象自己暂时离开了所处的物理空间，比如教室、宿舍、书房等，在脑海里回忆记忆深刻的场景，比如高三的毕业旅行、和宠物的午睡经历、和闺蜜或死党闹矛盾的故事等。在这些有主题、有情感记忆的场景里，更容易激发灵感、开辟出新的思路。又或者可以干脆暂停思路，起身去做点别的事情，比如出门跑个步、洗个热水澡、看场电影，或者睡一觉。但在进行这些活动之前，再把整个联想训练的任务在脑海里彻底地梳理一遍。等上述活动结束之后回到联想训练时，会发现思路突然开拓了不少。

2. 第一方案否定

大多数人在思考解决问题的方法时，往往想出第一个方案之后，就会停止思考；或者受到第一方案的影响太深，后面陆续得出的方案也都是第一方案的衍生或变形，因此减少了创新的机会。应该说，从经验上来看，第一个方案并不总是最好的。ThinkX 智库公司——专为企业提供创新解决方案的企业——创始人蒂姆·哈德逊（Tim Hudson）在《更好的思考：创造性思维指导手册》（*Think Better: An Innovator's Guide to Productive Thinking*）中指出解决问题有 3 个境界。

（1）基础境界：轻易满足于第一方案的解决办法，就此止步；

（2）中间境界：在第一方案之后，继续探索，直到找到有进步，但仍然缺乏创意的方案；

（3）最高境界：不懈努力，直到发现理想的、近乎完美的、新颖且高效的解决方案，这是很难达到的创新阶段。

大多数设计初学者将会长时间停留在基础境界；经过大量的学习与训练之后，大部分人在毕业设计环节中努力尝试着中间境界的创新状态，并将在今后 3~5 年的工作经历中一直维持；极少数设计师能在 5 年工作经历之后，逐渐找到在现实限制与理想方案之间协调与平衡的方法。

总起来说，在解决问题的思考阶段，多出方案、保证数量优先的原则是最终得到理想方案的必要条件。

3. 由量变到质变

心理学研究证明，产生想法的时间越长，产生有价值的想法的可能性也就越大。古语云"不积跬步，无以至千里；不积小流，无以成江海"（荀子《劝学》）、"合抱之木，生于毫末；九层之台，起于垒土；千里之行，始于足下"（老子《老子》）、"冰冻三尺，非一日之寒"等，说的都是从量变到质变的道理。

"你越是想去钓鱼，就越可能钓上鱼。"数量的不断累积能带来本质性的巨大变化，一粒沙子渺小如尘埃，一旦堆积足够多的沙子就会出现一座沙丘；同样，一粒沙子的滑落与漂移丝毫不会影响到沙丘的稳定性，但足够多的沙子同时出现位移，就能引发沙崩。科学研究已经表明，少量个体与大量个体组成的集体之间存在着重大差异。群聚个体之所以拥有力量，是因为包含了足够的复杂性，以及足以产生新事物的可能性。当个体之间的相互作用呈指数级增长时，就会引起群体行为的动态特性的改变，也就是"从量变到质变"的发生。

设计思维的锻炼过程也是如此；在初学阶段，以累积量变为主要任务，只有更多地练习，更多地出方案，才有可能迎来"创意飞跃"或"灵感闪现"的难得体验，拿出有创造力的设计方案（图 4-17）。

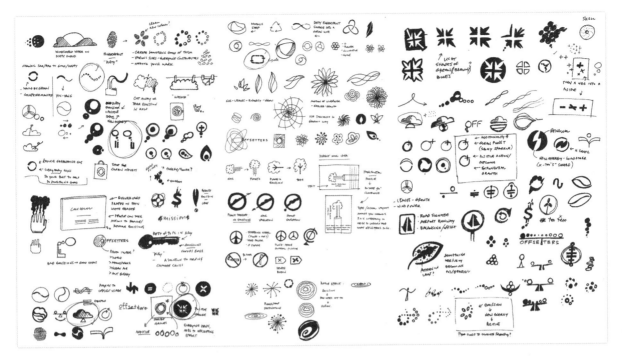

图 4-17 体现数量优先原则的方案构思过程

4.4.3 小结

约翰·阿诺德（John Arnold）教授在麻省理工学院讲授"创造性工程学"课程，他从个人经验出发提出："与没有经历过这种特殊训练的人相比，接受了创造力训练的人，有更大的几率去研发那些值得投入时间和精力的发明创造。"换言之，经过创意训练的人在辨别研究方向、发现有价值的信息与线索、洞察产品机会缺口等方面的能力要更为突出一些。

人人都可以成为设计师，只要经过系统的学习与长期的训练，尤其是对设计思维的培养，将会最终改善他们的思维方式以及创意能力。"天才"、"天赋"、"艺术"、"灵感"、"直觉"、"创意"……这些概念听上去好像很神秘，但发挥创造力的过程确实有迹可循——掌握多样的创意方法、合理地划分管理设计流程、清晰地阐明设计问题、持续投入的想象力训练等，设计师终究会找到适合自己、满足项目要求的设计方法。改变思维方式是第一步，也是最难的一步；而了解、掌握并学会运用设计思维的主要工具和方法，是建构设计师式的思维模式的第一步，接下来，让我们一起学习"像设计师那样思考"！

4.5 设计思维的工具与方法

设计构思的过程，既需要直觉也需要深思熟虑以及方法得当。所有的设计方法，包括第3章谈到的在发现问题环节的"用户研究"，观察、访谈等方法，以及接下来将介绍的头脑风暴法（brain storming）、思维视觉化、ARIZ算法、设问法、奥斯本检核表法、和田动词法等，都可以在设计流程的各个阶段灵活使用，用于发现问题、思考问题及解决问题。之所以放在思考问题的设计阶段，是为了让读者更加清晰地认知、了解这些方法与设计阶段的关系；但在实际的使用过程里，你可以根据课题所需，混合、修改、调整、改造这些方法或技巧。

4.5.1 头脑风暴法

1. 简介

诺贝尔化学奖、和平奖获得者、化学家莱纳斯·卡尔·鲍林（Linus Carl Pauling）曾经说过："收获好创意的最好方法就是，首先要获得很多创意。"一个人的想法再多，也比不过一群人的想法多；要获得好的创意，群体力量的优势比较显著。当代科学家对"群体智慧"的研究重点集中在，为什么群体内部个体的交互规则很简单，但在整体行为上看，却能产生智慧的行为。比如在深海世界，无数只小鱼组成的鱼群躲避鲨鱼进攻的现象：无论鲨鱼如何游动，鱼群之间都自发地形成一个空洞，并随着鲨鱼的移动而移动。要解决设计问题，作为设计师的小鱼在设计初期阶段团结起来，形成合力，头脑风暴法便是这种群体智慧的典型运用。历经60年发展，头脑风暴法已经成为各个行业集思广益、获取灵感的基本创意方法之一。1953年，被誉为美国"创造学之父"的艾利克斯·奥斯本（Alex F. Osborn）在其著作《想象力运用：创造性问题解决的原理与步骤》（*Applied Imagination: Principles and Procedures of Creative Thinking*）中首次提出了"头脑风暴"的创意方法。这是一种集体开发创造性思维的方法：针对某一个议题，所有成员各抒己见；下一轮发言最好建立在第一轮发言提出的观点基础之上。看上去，头脑风暴法似乎与一般的开会、讨论没有什么差异。但实质上，头脑风暴法的特点就在于"风暴"二字，每个发言人不分高低，自由思考大胆畅言，就像暴风雨来临之前天空中聚集的厚重云层，蕴含了十足的爆发力（图4-18）。

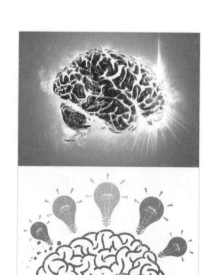

图4-18 头脑的"风暴"，群体的智慧

2. 实践指南

（1）成员人数最好不超过10人。在社交网络平台上流传着关于成员人数的"双份比萨"原则，即成员人数保持在双份比萨能够填饱肚子的范围内。6~8人的团队效率一般最高，每个成员也能发挥出重要贡献。

（2）每个成员对于所讨论的内容要有一些了解，并有独立的立场；同时，所讨论的议题不会与成员本身产生直接的利益关系。比如，要设计一款婴儿手推车，参加头脑风暴讨论的成员可能包括：设计师、婴儿手推车的消费者、卖场促销员、手推车维修人员、工程师、广告商等。但这些人都不是手推车设计最终的决策人员，因此他们的意见既极富价值又不会有所顾忌。

（3）确保与会者能够有足够的物理空间自由走动或站立。这样能够保证思路的发散性，同时积极性也会更高，参与程度与会场氛围也会更为热烈。

（4）要保证将发言要点不偏不倚地完整记录下来，即需要主持人的全神贯注以及高效执行力，同时也要配备好大块光洁空白的墙壁、书写板、黑板、彩笔、N次贴、彩笔等必要工具。一般来说，记录想法的空间越大，越能激发与会成员提出更多的方案。

（5）每次头脑风暴法实施的时间不宜过长，最好控制在30~45分钟。如果议题复杂，或者与会者思路十分活跃，可以划分为若干环节分开进行。比如每20分钟头脑风暴之后休息5分钟，再来20分钟后再休息5分钟。

（6）头脑风暴法讨论环节结束之后，主持人将所有观点以思维导图的形式整理出来；同时，请各位成员为所有设想投票：比如，在自认为最有创意的设想旁画一颗绿色的心；在最具实践性的设想旁边画一颗蓝色的心；在最具有综合价值的设想旁画一颗红色的心等。在解散之前，将所有讨论得出的观点、想法、草图、模型等用相机、摄录机等工具记录保存下来，给决策者提供补充信息。也可以在日后有需要时进行复习与回顾，随着时空条件的变化，也许今天看来滑稽的观点在未来能够成为主流方向（图4-19）。

图4-19　头脑风暴法的典型环境与产出设想

3. 选择合适议题

选择合适的议题，是保证头脑风暴法课堂体验单元成功的关键之一。议题宜小不宜大，难度适中，最好与日常生活密切相关。比如，如何解决窗户外壁的清洁问题，如何解决牙膏总是挤不完的浪费问题，如何快速收集网球场散落的网球，如何解决鸡蛋的安全运输问题，如何解决家里植物太多且浇水频率不统一导致断水或水大的问题等。

4. 注意事项

在头脑风暴法实施的过程中，所有人不得批评、评价或质疑其他成员的观点。观点越多越好，思路越分散越好，想法越多元越好。主持人的控制能力十分重要，既要鼓励成员大胆且多角度地发言，又要抑制或将出现的批评情绪，还要能引导成员在其他成员的观点上联想发言，同时还要能够身兼多职将各成员的发言要点进行及时记录。总的来说，头脑风暴法尤其要注意以下几个原则：延迟批评，数量优先，整合想法，要点记录。

美国设计咨询公司 IDEO 很早就将头脑风暴法作为获取灵感与创意的有效手段，据说在 IDEO 的每一个会议室白板上，都贴着以下7个头脑风暴法原则。在他们看来，科学的流程与原则是保证头脑风暴法质量的基础。

1）暂缓评价（defer judgment）

听到异于自己立场与知识的观点，进行反驳是人的本能之一，但头脑风暴法的首要原则即不要急于评论自己暂时并不认同的观点；不然会打击成员的积极性与参与感，也会破坏群体思维的延展性。在别人发言时，其他人的任务只是闭上嘴巴，去"听"（专心的、专注的）。从中文字"听"的繁体书写形式就能看出（图4-20），要成为一个合格的倾听者，要做到心、目、耳三者合一。

图4-20　"听"的含义与方法

2）借"题"发挥（build on ideas of others）

站在巨人的肩膀上。鼓励从他人的观点上得到启发、实施联想、获取灵感。面对看似"疯狂"的想法，来自不同领域的人可能会得到启发，从而从自身专业角度、经验立场等对"疯狂"的观点进行"修正"，得到改良的观点。

3）异想天开（encourage wild ideas）

突破"面子"障碍。很多人在发言之前可能都会预先盘算"我要怎么讲才能体现水准"。在头脑风暴法里，这种面子思维是对异想天开、想象力的最大破坏。鼓励每个成员大胆去想去说，而暂时不要管这个想法的水平如何。

4）死扣主题（stay focused on topic）

每一轮发言，要确定出元主题的分主题，即讨论主题的某一个方面。不然完全无边界、无限制的"异想天开"最终不可能得到想要的结果。如图 4-21 所示，不同色彩的线条代表每一轮发言，看似杂乱，但每一轮发言都围绕着一个主题，且每个主题之间也存在着千丝万缕的关联性。

5）轮流发言（one conversation at a time）

活跃的气氛对于头脑风暴法而言很重要，但发言的时候，要一个一个地说，不然主持人很可能无法记录要点。

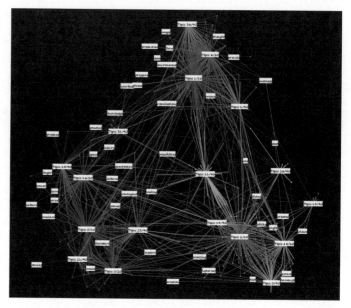

图 4-21　遵循"主题相关"原则

6）视觉表达（be visual）

语言有时候会造成误解，视觉化的方式可以很好地传情达意，特别是当观点已然很多的时候，将所有的观点写下来或贴出来的方式，能够帮助成员或团队形成整体的印象，最终形成思维地图（图 4-22）。

7）数量优先（go for quantity）

在单元时间里，鼓励成员尽量说、快速准确地表达观点。只有保证速度，才能提高数量。据称 IDEO 公司设计师团队 1 小时可以汇集 100 个观点。不过如果有客户参与讨论，由于知识背景、文化风格、价值取向的差异等原因，数量就会相对少一些。

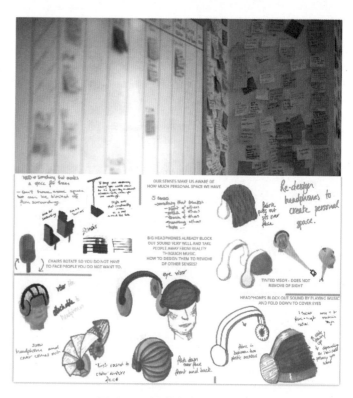

图 4-22　视觉表达，可写可画

4.5.2 思维视觉化

1. 定义、原理与步骤

思维视觉化（mind visualization）指的是利用各种视觉化的手段将不可视的思维过程尽可能地记录、呈现出来，其中最为人所知的方法便是思维导图。美国波音公司在设计波音747飞机的时候使用了思维导图作为设计工具。据波音公司的人介绍，如果使用传统方法，波音747这样一个大型的项目需要花费6年的时间。但是借助思维导图的高效性，波音747的设计团队只用了半年时间就完成了波音747的概念设计与项目规划，由此至少节省了1000万美元的成本。

思维导图创始人是英国著名心理学家、被誉为"大脑先生"的托尼·巴赞（Tony Buzan），发明于20世纪60年代。思维导图（mind map），又叫"心智地图"（图4-23）。顾名思义，就好像给无序复杂的思维画一幅思路清晰的地图；各个思路之间的相互关系，或从属或平行，都可以通过关节点或连线的形式予以标明。思维导图是一种将放射性思考视觉化的方法，放射性思考是人类大脑的自然思考方式，由点及面、由面及体。

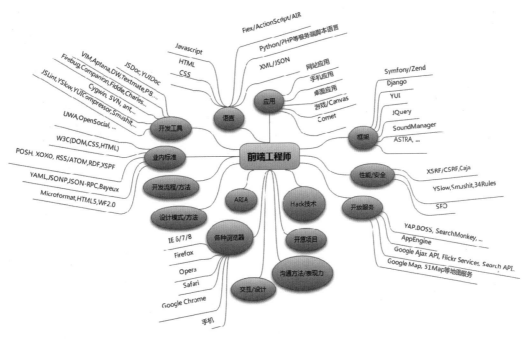

图4-23 思维导图案例

思维导图依赖的理论基础是，每一种进入大脑的信息，不论是感觉、记忆或是想法——包括文字、数字、符码、食物、香气、线条、颜色、意象、节奏、音符等，都可以成为一个思维中心，并由此中心向外发散出若干个关节点；每一个关节点代表与思维中心存在着某种关系，而每一个关系本身又可以生发出另一个思维中心，并再向外发散出新的关节点。所有这些关节点、关系、思维中心通过网络连接起来，整体上呈现出地图或系统结构图的视觉特点，有助于将思路清晰化，以期找到创意的线索。

绘制思维导图的过程，实际上也是理清思路的过程。在此过程中，大家可以有意识地体会一下思维的连续性、联系性、停顿性、变通性以及突发性。

思维导图绘制步骤：

（1）将拟解决的问题（一级目录）或其关键词写在一张纸的中心，纸张最好横向铺开，越大越好；

（2）写下所有瞬间想到的想法，不分先后、不论远近、越多越好；

（3）寻找各个设想之间的关系，将所有设想（作为三级目录）进行初步分类；

（4）分类基于的各项标准即作为二级目录。

一般而言，思维导图至少应该包括三个级别的目录，同时应该使用不同的颜色与符号进行区分。图 4-23，说明了前端工程师需要掌握的技能与知识。一级目录是蓝色方框中的"前端工程师"，二级目录是紫色圆框中的各类领域，包括应用方面、语言方面、性能与安全方面、开发流程与方法等，三级目录则由单线引出。在绘制过程中，一般遵循的思路是，由一级目录到三级目录（发散思维），再回到二级目录（收敛思维）。

2. 思维导图工具

思维导图既可以徒手绘制，也可以借助电脑软件来完成。手绘思维导图时应该准备以下工具：A4 幅面以上的纸张、彩色铅笔、水笔、圆珠笔、签字笔、N 次贴、各种贴纸等。

思维导图的计算机软件选择较多，这里介绍几款常见的 PersonalBrain 是目前比较流行的思维导图软件，使用简单高效，符合思维的网状结构以及放射性特点，允许无中心和无边界。Mind Mapper 软件的绘制逻辑与形式与思维导图创始人托尼·巴赞先生的制图法十分类似，即关键字都是放在延伸线上。绘制结果能够提供 xml 形式的输出，方便导入到常用的微软系统办公软件；该软件的快捷键十分好用，熟练掌握后无须鼠标控制就能快速建立新节点。ThinkMap SDK 软件具备强大的数据库功能，用户界面设计优良、体验感出众，配备 3D 树形网络形式，同时配置了 API 开发接口，唯一的缺点就是价格太贵，不太适合学生群体或个人使用。XMind 软件易用性强，通过 XMind 可以快速启动记录头脑风暴法的各种设想，帮助人们理清思路、呈现要点。XMind 绘制的思维导图形式包括鱼骨图、二维图、树形图、逻辑图、组织结构图等，各种形式的结构化优势非常突出。MindManager 由美国 Mindjet 公司开发，界面与 Microsoft Office 软件界面类似，因此更容易上手；操作直观、界面友好、功能丰富，不仅可以帮助用户组织思维、整合资源，还是高效的项目管理软件（图 4-24）。

思维导图可以应用于生活和工作的各个方面，除了用来整理设计思路之外，还可以用在学习、写作、演讲、管理、会议、汇报等方面。运用思维导图具有以下优势。

激发创意——呈现、整理、系统规划所有构思，让创意变得触手可及、有迹可循。

图 4-24　思维导图工具示例

锻炼思维——万事万物皆有联系，或发散或聚合，或平行或归属；由点及面、由面及体，锻炼思维的严密性与发散性。

提高效率——所有待办事项先后顺序简单明了，大幅度提高设计流程各个环节的效率。

整合资源——将各种零散的设想、思路、智慧、资源、知识等融会贯通，并形成系统整体。

3. 案例赏析

　　思维导图的核心特点就是联系性与发散性；所有要素之间都存在某种关系，找到一种形式将关系视觉化就是思维导图的主要任务。因此，思维导图的形式多种多样，有的以逻辑关系见长，凸显出条理性与脉络感；有的以元素本身的特点作为视觉焦点，突出整体画面的多样性与美感。在搜索引擎里以"Mind Map"为主题词，可以找到很多优秀的思维导图案例（图4-25）。思维导图是设计师整理思路、发散思维、寻找创意的有效手段；同时，思维导图本身也是设计，其形式美感也能说明设计师的专业水准。对于初学者而言，不妨以绘制思维导图练手，作为尝试设计的第一步。

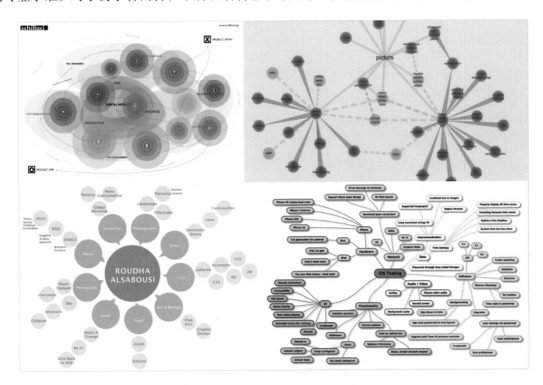

图 4-25 优秀思维导图案例

4.5.3 发明问题解决算法

1. 概述

　　很多长期处于创新压力下的设计师都在期待一个终极问题的解决：有没有一种方法或系统或公式，可以实现快速创新。实际上，这个问题早在1946年就由苏联发明家阿利赫舒列尔（Altshuller）提出过原型，简称为"发明问题的解决理论"。这是一个由各种算法、解决技术、创新开发的方法组成的综合理论体系。阿利赫舒列尔在其1984年的著作《创造力是一门精密的科学》（*Creativity as an Exact Science*）中明确提出了创新解决方法的40条原则，后人补充为85条解决方法，称为发明问题解决算法（algorithm for inventive problem solving，ARIZ）。

2. 方法与原理

　　ARIZ通过对初始问题进行一系列变形及再定义等非计算性的逻辑过程，将初始问题进行逐步深入分析、转化和简化，最终解决问题。ARIZ算法强调的是问题矛盾与理想解法的标准化。按照ARIZ对问题的五级分类，一般较为简单的一到三级的问题，只要运用创新原理或者发明问题标准解法就可以解决；而那些复杂的非标准发明问题，就属于四、五级的难度问题，则需要应用发明问题解决算法 ARIZ 作系统的分析和复杂求解。

在 ARIZ 理论看来，一个创新问题解决的困难程度取决于对该问题的描述和问题的标准化程度，描述得越清楚，问题的标准化程度越高，问题就越容易解决。这一理论放在设计问题领域也是恰当的，如果设计师能够越准确、清晰地描述出问题本身，那么就说明设计师已经形成了基本解决思路。在 ARIZ 算法中，创新问题求解的过程是对问题不断地描述、逐步标准化的渐进过程。

3. 案例与流程

针对"为专业驴友的山地自行车设计一个固定背包的装置"这一问题，可以实现逐步深入与具体的描述：

A 为专业驴友的山地自行车设计一个固定背包的装置

↓

B 设计某种特制的自行车行李架

↓具体化为三个子问题

B1 行李架装置相对于自行车的位置问题

B2 连接件问题：背包与行李架之间的连接件，以及行李架与自行车之间的连接件

B3 行李架的材料

针对以上 B1~B3 的子问题，每一个都可以放入 ARIZ 的算法矩阵中找到相应的技术解决方案；如果没有相应的技术可以解决，那么这个问题则成为创新问题——有待技术发展之后才能解决的问题。

ARIZ 算法有多个版本的流程，其中 ARIZ 85-AS 是最具代表性的版本之一，如图 4-26 所示，ARIZ 85-AS 共有 9 个步骤。

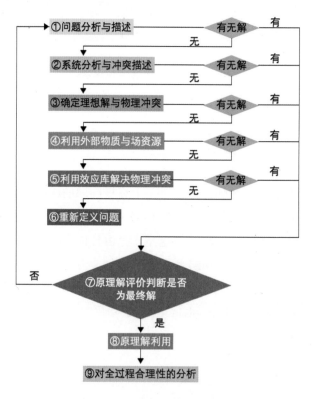

图 4-26　ARIZ 85-AS 流程图

4.5.4 5W2H 设问法

1. 作用与原理

解决问题之前,首先要搞清楚的问题是"要解决的到底是什么问题？"比如,要求设计一款闹钟,在设计之前,首先要明确的是,待设计的这款闹钟准备要解决哪些问题？声音不够响？按钮不够好用？材质太光滑不易抓握？功能太单一？设计不可能是完美的,所谓新的设计,也只能是在解决某一个问题方面提出了某一种新的见解。因此,我们说,定义问题是解决问题的先决条件,诚如哈佛毕业生、越南退伍老兵、以解决文化冲突为名的专家罗伯特·汉弗莱（Robert A. Humphrey）所言："一个未经定义的问题有无数种解决途径。"换言之,未经定义的问题无法被真正地解决。

2. 要素构成

5W2H 设问法是定义问题的一种方法；换言之,5W2H 设问法是帮助你去认识、理解问题的有效方法,也有助于去发现现有产品存在的问题,找到需要改进的地方,从而激发创意。5W2H 实际上是 7 个英文问句的首字母缩写,分别是 what（是什么）、where（在哪）、who（由谁、被谁）、when（什么时间）、why（为何）、how（何种方式）,以及 how many/much（程度、数量）等（图 4-27）。

图 4-27 5W2H 设问法的 7 个要素

- what——用尽可能简单、准确的语言描述设计问题；
- who——定义清楚那些与设计问题相关的人群、用户、消费者及其基本特点等；
- when——问题发生 / 解决的时刻、时间、季节,以及使用频率等；
- where——问题发生 / 解决的空间要素（大环境——文化、国家等；小环境——家庭、场所、户外、室内等）；
- why——导致问题的主要原因、已有解决方案的合理性等；
- how——问题发生 / 解决的方式、情境、程序等；
- how many/much——问题发生 / 解决的程度、数据、价格、数量等。

3. 案例分析

采用 5W2H 设问法来定义"设计一款运动补水工具"的问题,帮助设计师整理思路、确定创意方向——具体待解决的问题（图 4-28）。

- what——补水工具针对的是什么类型的运动？运动的特点是什么？待实现的主要功能是什么？
- who——谁在运动？谁来使用水壶？其年龄、性别、职业、性格、生活方式……有何特点？
- when——什么时候进行运动？季节、时刻、天气、气候……如何？
- where——在哪儿使用？运动的场所？加水的地点？用身体哪个部分去使用？
- why——现有产品为什么要这样设计？还有别的方式吗？

- how——如何喝水？如何使用？还有别的功能吗？
- how many/much——这款运动补水工具的容量是多少？几个人使用？能够维持多长时间的运动？生产成本大概是多少？

对上述每类问题的自问自答将会帮助设计师得到一个清晰的方向或思路——待设计的这款运动补水产品主要要解决的问题可以定义为以下几种特征（只是无数可能方案或方向的几种可能性）：

- what——针对长距离跑步运动的补水工具，要求轻便便携易用，最好有温度调节功能；
- who——针对女性专业长跑运动员，年龄区间在20~35岁，每周跑步距离大于80公里；

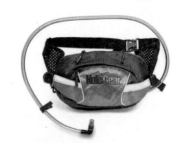

- when——四季皆宜，尤其适合于冬夏两季；每次使用时间为1~2小时；
- where——野外或公路，补水比较困难的地点；腰带佩戴方式；
- why——现有腰带佩戴式水壶多是水壶与腰带分开式，饮用时需要取下水壶饮用。主要问题有：稳定性较差、跑步途中容易颠簸、饮用时需要降速甚至停下来；

- how——直接吸管饮用、冬季加热、夏季降温、可按时间段添加能量补充剂；
- how many/much——根据运动强度与持续时长，提供600~1000mL容量。

图 4-28 常见的长跑补水工具设计

4.5.5　奥斯本检核表法

奥斯本检核表法（Osborn checklist）也是一种产生创意的方法；与头脑风暴法一样，创始人都是美国"创造学之父"艾利克斯·奥斯本。它一般可以分为9个方向进行创意构思，分别是用途、类比、改变、扩大、缩小、代替、交换、反转、组合。在众多的创造技法中，其方案较为多样且效果比较突出。

表 4-1　奥斯本检核表法

用途（give other use）	有无新的用途？是否有新的使用方式？可否改变现有使用方式？
类比（adapt to similar things）	有无类比的东西？过去有无类似问题？利用类比能否产生新观念？可否模仿？能否超过？
改变（modify）	可否改变功能、形状、颜色、运动、气味、音响？是否还有其他改变的可能？
扩大（magnify）	可否增加些什么？附加些什么？提高强度、性能？加倍？放大？更长时间？更长、更高、更厚？
缩小（minimize）	可否减少些什么？可否小型化？是否可密集、压缩、浓缩？可否缩短、去掉、分割、减轻？
代替（substitute）	可否代替？用什么代替？还有什么别的排列？别的材料？别的成分？别的过程？别的能源？
交换（rearrange）	可否变换？可否交换模式？可否变换布置顺序、操作工序？可否交换因果关系？

反转（reverse）	可否反转？可否颠倒正负、正反？可否颠倒位置、头尾、上下颠倒？可否颠倒作用？
组合（combine）	可否重新组合？可否混合、合成、配合、协调、配套？可否组合物体？目的组合？物性组合？

在设计构思时运用奥斯本检核表法亦可使用图 4-29 所示结构，有利于思路的呈现、展开与评价。每一个检核项目下可以分别生发出若干个方案，填入虚线圆框中。

奥斯本检核表法的具体步骤如下。

（1）选定一个要改进的产品或方案；

（2）参照检核表依次提出问题，产生大量的思路；

（3）根据第二步提出的思路，进行筛选和进一步思考、完善。

奥斯本检核表法的优点很突出，它使思考问题的角度具体化了。它也有缺点，就是它是改进型的创意产生方法，你必须先选定一个有待改进的对象，然后在此基础上设法加以改进，因此它提出的创意不是原创型的而是改良型的。

利用奥斯本检核表法设计的产品创意案例如图 4-30 所示，从上至下依次是：

组合法——将猪鼻子、猪耳朵与碗盖的出气口与把手相组合。

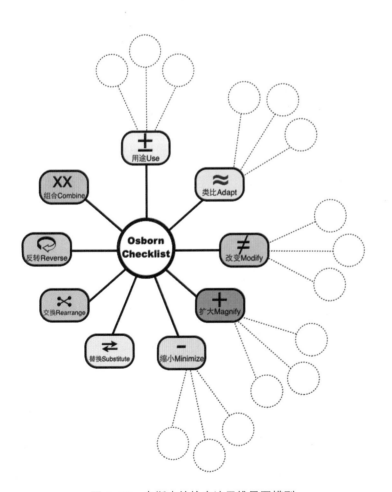

图 4-29　奥斯本检核表法思维导图模型

图 4-30　运用奥斯本检核表法的产品设计创意

扩大法＋缩小法——将钟表当中的数字扩大，并缩减传统钟表的指针、表盘等部分。

代替法——将树叶代替门挡的形式，并采用塑料取代树叶本身的材料（也可以用组合法来理解）。

类比法——以衣柜和衣服的相似性进行类比与组合。

4.5.6 和田 12 法

所谓"和田 12 法"，就是以 12 个动词（加、减、扩、缩、变、改、联、学、代、搬、反、定）为方向引导思维进行设问设想，从而开发创造性思维、获取设计创意。"和田 12 法"又称为"和田 12 动词法"以及"和田创新 12 法"等。它是以上海和田路小学进行的一系列创造力开发实践的研究成果为基础总结出来的创造技法（表 4-2）。其与奥斯本检核表法在某些方面比较相似，如加、减、边、联、代、反、定等，按照不同主题灵活选用不同的创造性思维方法。与奥斯本检核表法主要针对产品改良不同，虽然和田 12 法也是基于对现有产品的反思，但它更有可能产生原创的发明和设计创意。

表 4-2 和田 12 法

	方 向	设 问	举 例
1	加—加	现有事物能否增加什么（比如加大、加高、加厚等）？能否把这一事物与别的事物叠加在一起？	拖鞋抹布、收录机、带水杯的调色盘
2	减—减	现有事物能否减去些什么（如尺寸、厚度、重量等）？能否省略或取消什么？	简体字、微缩景观
3	扩—扩	现有事物能否放大或扩展？	幻灯片、投影电视、长舌太阳帽
4	缩—缩	现有事物能不能缩小或压缩？	袖珍词典、压缩饼干、充气地球仪
5	变—变	现有事物能不能改变其固有属性（如形状、颜色、声音、味道或次序）？	零食、系列文具、服装
6	改—改	现有事物是否存在不足之处需要改进？	人机办公椅
7	联—联	现有事物和其他事物之间是否存在联系，能否利用这种联系进行发明创造？	振动按摩椅
8	学—学	能否学习、模仿现有的事物而从事新的发明创造？	飞机、轮船、工具
9	代—代	现有事物或其一部分能否用其他事物来替代？替代的结果是保证不改变事物的原有功能。	合金、新型陶瓷材料
10	搬—搬	现有事物能否搬到别的条件下去应用？或者能否把现有事物的原理、技术、方法等搬到别的场合去应用？	鸣叫水壶
11	反—反	现有事物的原理、方法、结构、用途等能否颠倒过来？	吸尘器
12	定—定	对现有事物的数量或程度变化能否进行定量？	尺、秤、天平、温度计、噪声显示器

本章重点与难点

（1）理解设计思维、创意思维、批判性思维等概念的异同及其联系性；逐步体会"像设计师那样思考"的含义与体验。

（2）创造性设计思维的 6 种要素及其相互关系：好奇心、想象力、洞察力、知识储备、资源、氛围。

（3）体验设计思维，掌握图形联想的基本技能与能力，重点体会并尝试"否定第一方案"、优先追求数量，并享受由量变到质变的创意飞跃瞬间。

（4）掌握头脑风暴法的流程与原则，有机会组织并在头脑风暴法中担任主持人角色。

（5）掌握思维导图的逻辑、步骤以及技能，能将之运用到平时的生活、学习以及设计当中。

（6）能够灵活运用 ARIZ 算法、5W2H 设问法、奥斯本检核表法以及和田 12 法。

研讨与练习

4-1 用两件不相关的日常用品设计一个闹钟，比如袜子与水杯、笔与卡片、香水与键盘等。每人提交至少两个方案，以手绘草图与思维导图等两种形式说明方案与创意。

4-2 旧物改造：旧短袜、旧裤袜、旧凳子……要求改变旧物的原有功能，并拓展为 2~3 种。

4-3 头脑风暴法体验：解决出门总是忘记带钥匙、钱包与手机的问题；解决下雨天一边打伞一边提重物的问题；解决陌生人初次见面总是忘记对方基本信息的问题。

4-4 以大学四年学习规划作为主题，设计并绘制思维导图。

4-5 以 5W2H 设问法提出儿童旅行箱的设计创意。

4-6 以奥斯本检核表法，重新设计保温饭盒；要求分别从 9 个方向提出至少 9 种改良思路。

4-7 针对"和田 12 法"的 12 个方向，分别举出新的案例 2~3 种。

推荐课外阅读书目

［1］［美］黛比·米尔曼. 像设计师那样思考 [M]. 鲍晨，译. 济南：山东画报出版社，2010.

［2］［美］豪·鲍克斯. 像设计师那样思考 [M]. 姜卫平，唐伟，译. 济南：山东画报出版社，2009.

［3］［英］奈杰尔·克罗斯. 设计思考：设计师如何思考工作 [M]. 程文婷，译. 济南：山东画报出版社，2013.

［4］［英］奈杰尔·克罗斯. 设计师式认知 [M]. 任文永，等，译. 武汉：华中科技大学出版社，2013.

［5］［英］蒂姆·布朗．IDEO，设计改变一切 [M].侯婷，译．沈阳:万卷出版公司，2011.

［6］［美］齐莉格．斯坦福大学最受欢迎的创意课 [M].秦许可，译．长春:吉林出版集团有限责任公司，2012.

［7］［美］艾琳·路佩登．图解设计思考:好设计,原来是这样"想"出来的! [M].林育如,译．台北:商周出版，2012.

第5章 设计视觉化：图解思考与设计表达

面对复杂的数据与信息，设计方案变得越来越繁多，需要处理的问题也都浮在面上，设计师如何进一步获取发展构思的途径呢？答案是运用草图、模型、导图等视觉化形式，将思维从抽象变得尽量地具体。正如设计师杰克·豪（Jack Howe）所言："当我的设计过程发展到不是特别明确的时候，我会绘制一些东西，即使它们看上去是一些无所谓的东西，我也会将其画下来，绘图这一过程似乎会使我的思路变得更加清晰。"

"图解思考"（graphic thinking）是美国建筑师保罗·拉索（Paul Laseau）用来表示用速写草图帮助思考的一个术语。在设计过程中，这类思考既与构思阶段（思考问题）相联系，也是解决问题的重要途径。心理学研究表明，人类所学到的知识大约80%必须通过视觉获取；视觉对于信息的接收与理解也是人类感觉器官当中最快的一种。

5.1 设计程序之解决问题与表达

经过了复杂、漫长、"痛苦"的设计思考过程，得到了海量的调查研究数据和构思；接下来就需要把这些思路以视觉化的方式呈现出来。视觉交流方式是描述以及理解设计问题复杂性的重要工具。

图解思考方式作为解决问题以及表达方案的历史由来已久。大家有机会一定要翻阅一下文艺复兴时期的艺术与科学巨匠莱奥纳多·达·芬奇（Leonardo Da Vinci）的速写本，就会留下深刻的印象。正如格式塔心理学家鲁道夫·阿恩海姆（Rudolf Arnheim）的名言："视觉形象永远不是对感性材料的机械复制，而是对现实的一种创造性把握。……人的诸心理能力在任何时候都是作为一个整体活动着，一切知觉中都包含着思维，一切推理中都包含着直觉，一切观测中都包含着创造。"一语道破了观察（发现问题）、思维（思考问题）与视觉形象（解决问题）之间的微妙关系。

为什么说手绘、草图对于工业设计师来说很重要？草图是向客户、雇主、设计师同事等沟通创意的最快方式。通常情况下，草图是促进进一步讨论以及头脑风暴的动力，这一点对创新来说必不可少。草图也因此被称为设计师的语言。手绘草图是催生创意的强大工具。在设计教育以及职业生涯中，将大量使用草图来催生创意、明确设计问题，以及由一个创意衍生到无数个创意。

徒手绘制草图能够最生动地表达设计的兴奋和激情，而这一点是计算机软件建模或渲染所无法企及的。电脑效果图往往由于过于完美，反而丧失了创意的表达空间。徒手绘制的草图能够更准确地表达创意的过程以及个人风格，更容易激发创作的热情。

徒手绘制草图的能力是大部分雇主最看重的一项技能，也是最容易体现设计师是否有天赋的判断标准。大家可以参考设计师作品集网站（www.coroflot.com），往往正是那些手绘草图精美、有特色的作品最能给你留下深刻印象，因为它能体现创新的理念以及扎实的素描功底。

5.2 像设计师那样表达

英国建筑师理查德·麦克马克（Richard MacCormac）认为，笔是设计师的代言人："如果我不将方案画出来，我的想象力便无法与我进行对话。绘图与我而言，是一种自我批评和发现探索的过程。"

徒手表达是设计师的基本技能之一，指的是借助基本绘图工具，快速表达设计意图的方法。徒手表达较常见的形式有草图、思维导图、文字图标的概念推导等。徒手表达并不追求画面的丰富、形态的逼真或精准，而是讲究又快又准地记录思维过程并传达主要设计构思与意图。尽管各种软件、计算机仿真技术已经日益成熟，很多设计表达的工作都交由计算机来完成，但徒手表达的功夫仍然是衡量一个设计师基础功是否扎实、思维是否发散流畅富有想象力、交流技能是否娴熟的重要指标之一。一般而言，门槛越高、要求越严的设计类用人单位，越重视设计师的徒手表达功夫（图5-1）。

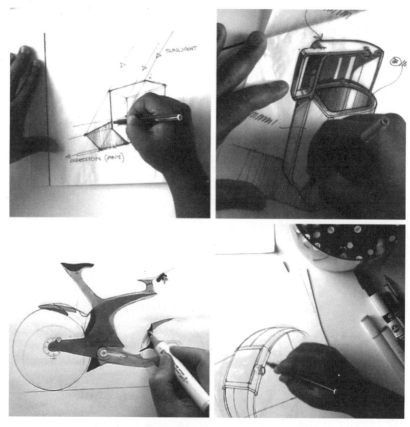

图5-1 徒手表达是设计师的"看家"本领之一

图解思考过程可以视为设计师与草图之间的相互交流。所谓新的概念、设想，不外是新的观察与旧有想法的重新组合；一切思想都是相互联系的，因此设计思考过程实际上也是将脑海中的所有想法重新筛选、重新组合。图解思考的潜力在于不停地从纸面经由眼睛到大脑再到手再回到纸面的信息循环。理论上说，信息循环的次数越多，变化的机会也就越大；换言之，得到新设想的机会也就越大。

图解思考是思考外在化的过程，正如美国心理学家罗伯特·麦基姆（Robert McKim）所言：

　　使思考形象化的图解思考具有若干胜过内在思考之处。首先，涉及材料的直接感觉提供了感觉的养料——毫不夸张的"精神食粮"；其次，巧妙处理一个实际结构的思考是一种探索、发掘的才能——出乎意料的欣喜、意外的发现；第三，视觉、触觉和动感等直接范畴的思考产生一种即时的、实际的和行动的感觉；最后，形象化的思维结构为设计中的关键性设想提供了对象和视觉形体，使之可以与同事们共享……

工业设计师杰克·豪威（Jack Howe）这样说到草图与思维的关系："即使是勾勾画画的潦草几笔，我也会画出来，以帮助自己理清思路。"确实，通过草图，设计师可以同时处理不同程度的抽象化思考，并提取有效的设计概念。图5-2所示为美国建筑师詹姆斯·斯特林（James Stirling）绘制的哈佛大学 Fogg 艺术博物馆改建的手绘草图。这幅草图清晰

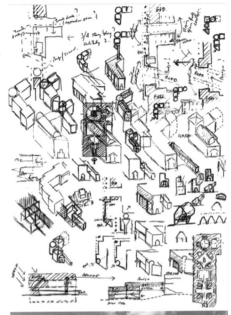

图 5-2　詹姆斯·斯特林，Fogg 艺术博物馆
设计草图与建筑

地重现了建筑师对于建筑整体布局、局部构造细节等不同层面的思考过程。

5.2.1　草图与思维

构思阶段的设计草图，在设计师的培训阶段与职业生涯均扮演着重要的角色，大多数设计师将手绘、速写、草图等视为表达设计思维最直接、有效的生动手段。毫不夸张地说，对设计师而言，他/她们是在草图技法的成熟中逐渐成长起来的。美国设计师詹姆斯·富兰克林（James R. Franklin）曾这样说到草图对他的意义："一面反复绘制着草图，同时用一种几乎像佛教禅宗的方式，用直觉去领悟用手刚刚画出来的草图及其现实境界。对于我来说，草图本身就是在设计。"

草图是一种视觉呈现手段，无须精确无误地描绘和再现设计，而旨在抓住想法或概念的本质。草图的描绘通常是设计师意识流活动的产出。视觉历来对思维具有重要的促进作用，对远古的穴居人来说，图画代表着思想的凝固或者重要历史事件的记录。人类采用标记、符号、图画作为记录手段的历史也远远早于书写文字的历史。各类设计图，包括草图、思维导图、徒手表现等，不仅是表达设计思路的手段，也是孕育设计意图的工具；尤其是后者，往往被初学者所忽略。

视觉化思考方式的研究主要来自于认知心理学对创意的研究，尤其以德裔美籍心理学家、格式塔心理学主要人物鲁道夫·阿恩海姆（Rudolf Arnheim）的《视觉思考》（*Visual*

图5-3　克里斯托弗·亚历山大《建筑模式语言：城镇、建筑与构造》及其图解思考模式

Thinking，1969）、《艺术与视知觉》（*Art and Visual Perception*, 1974）等著作为代表。视觉化思考方式是获取创意的关键步骤，从意识或感觉导向新的构思与创意，唯有通过观看、想象与绘图来体验。已有较为充分的研究结果证明，在任何领域的学习与思考，如果能够同时运用一个以上的感觉器官，学习或思考的效果就会得到加强。比如边看边写、边看边想边画等。

美国建筑理论家、加州大学伯克利分校终身教授克里斯托弗·亚历山大（Christopher Alexander）在《建筑模式语言：城镇、建筑与构造》（*A Pattern Language: Towns, Buildings, Construction*，1977）一书中明确地指出，模式建构是设计活动的核心属性（图5-3）。设计师以草图的方式进行思考，在这个过程中，把抽象的用户需求模型转化为具体的事物模型。

作为图解思考方式的先行者莱奥纳多·达·芬奇，他的思维笔记留给后人的不仅是震撼，更多的是启发（图5-4）。一幅手绘草图不仅是沟通传达的工具，同时也是思考和推理的辅助工具。仔细观察达·芬奇留存下来的丰富的思维笔记，对理解设计思维与表达方式之间的关系颇有益处。

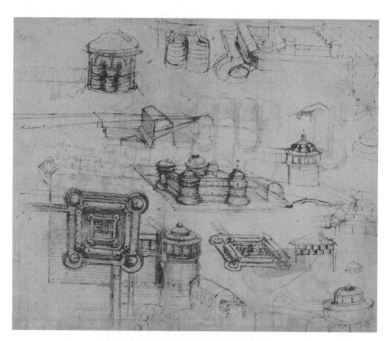

图5-4　达·芬奇速写本草图

首先，一张纸上表达了许多不同的设想，注意力不断在跳跃与转移。

其次，观察方式、视角、尺度各有不同。既有透视图，又有平面图、剖面图、细节图、结构图，甚至全景图。

最后，从这些潦草的、概括的、随意的、片断的笔画来看，绘图者的思维是发散的、流畅的，且具有探索性。大多是点到即止的思维表达，这样既能帮助迅速、尽可能全面地记录思维过程，对于旁观者而言，也具有更多的启发性以及想象力的发挥空间。

与设计最终的成品所揭示的含义不同，观察设计大师的草图更有益于初学者了解不同阶段的思考性草图。"以手绘心"，笔下的图形无疑是旁观者窥探设计师头脑中思维模式、特点、流程的最佳途径。除此之外，草图更容易呈现设计师的才华与天赋。我们来看看芬兰国宝级设计大师、建筑师阿尔瓦·阿尔托（Alvar Aalto）的设计草图（图5-5），他的草图被誉为图解思考方式的最佳范本。阿尔托的草图以多变、简洁、准确而著称，技巧娴熟、表达真实，可以看出设计师在绘制草图的过程中处于注意力高度集中的状态，手、眼、心紧密合作，凝为整体。Savoy花瓶由于其经典雅致的造型与精美的工艺，被誉为经典玻璃制品。1936年，阿尔托为他负责室内装修设计的赫尔辛基甘蓝叶餐厅（Ravintola Savoy）设计了一款花瓶作为装饰品，后来却成为阿尔瓦·阿尔托最出名的作品之一，因此被人直接命名为"阿尔托花瓶"。随意而有机的波浪曲线轮廓，完全颠覆了传统玻璃器皿的对称设计模式。有人说波浪曲线轮廓的灵感来自于芬兰星罗棋布的湖泊。这种不规则的特殊曲线已经申请专利成为芬兰设计的符号之一。从阿尔托的草图中可以看出设计师在推敲这款产品时的思维脉络，曲线、有机形态、圆形的组合与变形、镶嵌……都成为Savoy花瓶造型的构思方法（图5-6）。

综上所述，草图对于设计的功能至少有以下4种：首先，作为外在的记忆，将想法以视觉化的形式保存并记录下来；其次，为探讨设计的功能问题提供视觉空间与思路；第三，能够为在设计情境下构建设计想法提供真实的物理环境；第四，减少误解并增加沟通交流的效率。

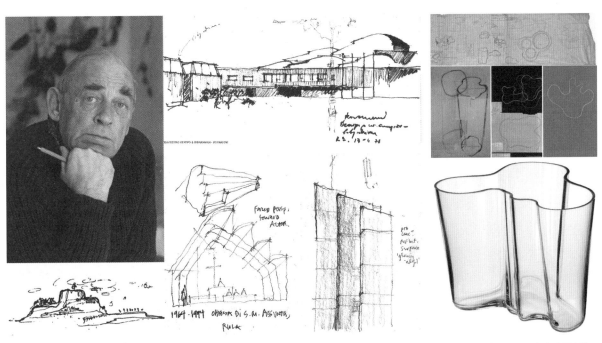

图5-5 阿尔瓦·阿尔托及其建筑设计手绘草图　　图5-6 阿尔瓦·阿尔托设计的
　　　　　　　　　　　　　　　　　　　　　　　　　Savoy花瓶及其草图

5.2.2 设计师的速写与手记

著名作曲家贝多芬与莫扎特相比并不算有天赋，但贵在勤奋且方法得当。多年来坚持做笔记，并经常完善润色；尽管最初的想法很幼稚，经过多年不断地修改，终于成就经典，以至于很多学者都惊叹贝多芬在音乐领域能有如此的造诣，算是一个奇迹。格式塔心理学家弗雷德里克·皮尔斯

图 5-7　设计师的速写笔记本

（Frederick Perls）曾说："对事物光看而不仔细观察的人们，他们回忆中的画面也是残缺不全的；而那些认真观察且加以识别的人们就会有一双相对机敏的内在目光。"设计师必须依靠视觉图形来丰富、加强自身的记忆力，因此随身携带速写笔记本是收集视觉信息和训练敏锐观察力的好办法。速写笔记本能够帮助设计师将"所见"转化为"所画"。

速写笔记本的开本不宜太大，便于放入口袋或荷包里，随身携带。速写本的装订要十分牢靠，封面与封底最好有一定的硬度和耐磨度，便于支撑，内页既可以是格纹也可以是空白页面。尤其是夜晚睡觉之前，可以把速写本放在枕头边，便于记录入睡瞬间或苏醒之时的灵感。

文字、图表、草图、思维导图……任何视觉语言的结合都有益于思路的发散与探索。作为初学者，越早使用速写笔记本收集记录想法、思路、感受，并规划设计构思，便能越早体会到它的方便之处（图 5-7）。

久而久之，初学者就能够养成用视觉化的语言表述设计意图的习惯，这种"以图说话"、"以图表意"的方式正是英国著名设计研究学者、设计思维研究专家尼格尔·克罗斯（Nigel Cross）所谓的"建模"语言，是设计师思维方式的核心特点。在国外艺术类院校的招生考试之前，不仅要求每位考生提交作品集，同时也要提交至少一本速写笔记本。后者更能全面、真实、生动地反映出考生的思维方式、观察能力、设计思维、动手能力等。

对于成熟的设计师而言，灵感板也是其刺激设计思路的方法。所谓灵感板，就是将收集到的参考资料、照片、图片或实物按照感觉分类并归纳在一起，营造出设计的氛围与感觉，以便从中获得启发。灵感板有助于设计师以视觉方式激活对材料、比例、工艺等问题的思考。

5.3　手绘技能的基本要素

正如英国当代建筑理论家、朴次茅斯工业大学建筑学院院长勃罗德彭特（Geoffrey Broadbent）所说"创作的全部内在和谐都表现在思考性的图画中……而今日的艺术家竟会对这一基本的功力、这一设计的'支柱'不感兴趣，真令人难以置信。"[①]

手绘草图是将设计概念视觉化呈现的有效方式。大部分草图都是简单的铅笔或单色笔线稿，往

---

① BROADBENT G. Design in architecture[M]. NY：John Wiley & Sons, 1973.

往需要进一步深化。设计师如果能利用简单的手绘技巧绘制草图，那么会让设计看起来更专业，也更容易理解。

5.3.1 从临摹开始

设计始于观察，手绘的进步实际上也来自观察以及对观察对象的描绘与临摹。绝大多数设计类学生都要进行徒手画以及写生训练。在选择观察与临摹对象之前，建议大家遵从以下的原则。

（1）所画的对象应该是你们最感兴趣且随时能够进行研讨、修正、完善的对象。

（2）眼、心、手、脑并用，作画的时候注意力要高度集中，体验沉浸在其中的寂静感受；久而久之，视觉感受与描绘能力将会逐渐敏锐，心思也会愈加细密，善于捕捉转瞬即逝的概念、构思与想法。

（3）学习手绘最好的方法之一便是仔细地观察优秀作品的结构、透视、构图、方法及其使用的工具，并加以临摹。

要证实徒手手绘、草图、速写对思维的训练效果，最简单的方法是与照片进行比对。在日常生活中看到喜欢的、感兴趣的产品，可以先拍下来；然后对照照片进行徒手手绘的临摹。由于手绘讲究的是简练、准确与快速，因此照片中的大量琐碎细节将会被省略。绘图者只要注意目标产品的主要特征并进行描绘。通过收集照片并手绘临摹的方式来收集设计资料，不仅能够很快地丰富资料库的内容，同时对自身的观察能力、手绘能力都是很好的锻炼。

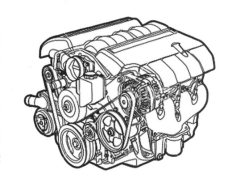

图5-8 临摹机械零件的线条速写

在手绘的初学阶段，建议每天至少要花半小时来练习。对照实物临摹将会得到更实质性的进步，尤其是那些复杂结构或形态的产品，比如机械零件（图5-8）。此外，还可以一边阅读设计杂志，一边临摹杂志中的各种产品。一方面了解设计资讯，一方面也练习了手头功夫。

5.3.2 透视与比例

透视准确是衡量草图或手绘水准最基本要素，也是最能表达真实立体效果的手段之一。画面中的物体如果无法遵循准确的透视关系，不论色彩多艳丽、线条多流畅，都会显得"假"。

透视指的是把立体三维空间的形象表现在二维平面上的绘画方法，使观者能从平面的画面感受到三维的立体感（图5-9）。透视画法可以分为一点透视、两点透视以及三点透视（图5-10）。在手绘草图中，一点透视与两点透视较为常用。除此之外，透视画法要遵循以下几个基本规律。

（1）原线：和画面平行的线，在画面中仍然平行，原线和地面可以是水平、垂直或倾斜的，在画面中和地面的相对位置不变，互相平行的原线在画面中仍然互相平行，离画面越远越短，但其中各段的比例不变；

（2）变线：不与画面平行的线都是变线，互相平行的变线在画面中不再平行，而是向一个灭点集中，消失在灭点，其中各段的比例离画面越远越小。

灭点主要包括4种：

（1）焦点：是作画者和观众观看的主要视点，与地面平行，与画面垂直的线向焦点消失；

（2）天点：画中近低远高的与地面不平行的线都向天点集中消失，天点和焦点在同一垂直线上；

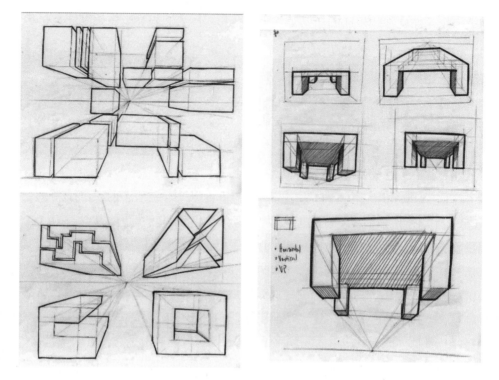

图5-9　透视关系准确的家具设计草图

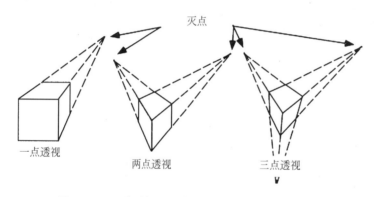

图5-10　一点透视、两点透视与三点透视画法示意

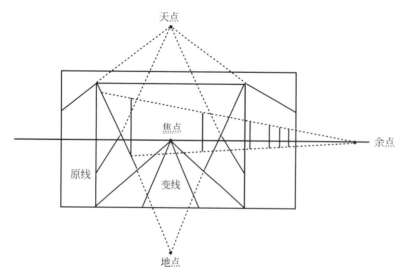

图5-11　透视图画法示意："两线四点"

（3）地点：画中近高远低的与地面不平行的线都向地点集中消失，地点和焦点在同一垂直线上；

（4）余点：与地面平行，但与画面不垂直的线向余点集中消失，余点有许多个，和焦点处于同一水平线上，每个和画面不同的角度都有一个不同的余点。

当作画者视线平视时，焦点和余点都处于地平线上，仰视时焦点向天点靠拢，俯视时焦点向地点靠拢，余点始终和焦点处于同一水平线上（图5-11）。

根据透视法则，产品形态中的某些平行线将在远处形成灭点，以表达纵深感。当需要体现产品的三维尺度与空间真实感时，透视与比例是两种有效的手段。此外，工程制图领域使用的各投影法（直角投影法、中心投影法、平行投影法等）也是表现产品三维尺度的重要方式，包括产品的顶视图、侧视图、正视图等。空间想象力是设计师必须具备的基础能力之一，而投影法无疑是训练以及检验空间想象力的"不贰法宝"。

要掌握准确的透视关系，大量的练习肯定是成为手绘高手的必经之路。要熟练绘制复杂形态的透视关系，必须从绘制基本形体的透视关系开始，不妨从练习圆形在各个视角与方向的透视关系开始（图 5-12）。

5.3.3 线条、体量与结构

线是用来表现物体形态边界的最佳方式，线条的质感也是手绘能力的直接反映之一（图 5-13）。一般来说，优秀的线条兼具流畅与节奏，一气呵成的完整里又能透出轻重缓急的节奏美感。下笔之前，对于产品的基本形态特征、大致结构特点、体量与比例、透视关系要做到心中有数，才能手随心走，画出功能与美感兼具的线条。

在练习手绘线条的过程中，初学者应该有意识地体验如下技巧：

· 宜快不宜慢——线条流畅、防止断续；

· 宜长不宜短——线条越长越有连续性、造型能力越强；

· 挥臂不动腕—— 一气呵成、线条大气、力感突出。

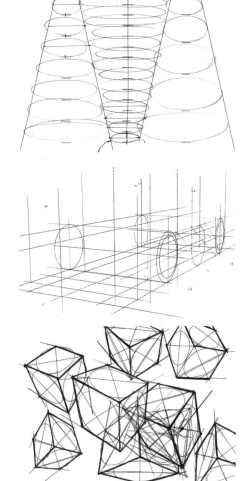

图 5-12 圆形透视关系练习

图 5-13 复杂画面的结构速写

体量指的是物体的尺度感，换言之，纸面上的二维形象，不论何物，都应该符合人们对其在真实世界中基本认知（图 5-14）。比如，同样是一张 A4 幅面的纸张，长 29.7cm，宽 21cm，一张画的是一辆汽车，另一张画的是一个手表。这两个在真实世界中尺度差距巨大的产品，被描摹在纸面上时，也应该不偏离观者对其尺度的基本认知印象。保持准确尺度感的诀窍在于，产品各形态之间的比例关系是合适的，等比例缩小或放大，都不会走形。在建筑手绘里，体量感是非常重要的表现指标，是立体感的根本特征。一般而言，正方体比长方体、块体比片状体和线状体、圆锥比角锥、圆柱比方柱、球体比方体的体量感更为充盈饱满。体量是实力与存在的标志，汽车、轮船、飞机等交通工具，机械设备，建筑，产品内部等，由于复杂的结构、超于人身体本身的尺度，而体现出明确突出的体量感。

图 5-14　体量与尺度的对比表现

对于初学者而言，手绘的难度可能在于，面对如此复杂的物理世界，任何一个微小的事物，都是由极其复杂的表面组成，如何才能照顾到这么多细节，并准确无误地画出来。结构素描以理解、剖析、表现结构为主要目的，因此是设计教学的重要环节，能够较好地培养学生的造型能力、空间想象力以及思维能力。同时，结构素描以简洁明了的线条作为主要表现手段，能够很好地检验、表达设计师的基础功底。对于初学者而言，结构素描能够帮助其克服心理障碍、掌握正确绘画的方法与思路。

结构素描又称形体素描，以理解物体的结构特征为基础，以表达物体的结构本质为目的。它以线条为主要表现手段，并不强调过多的明暗关系，也暂时忽略强烈的光影条件及其变化，而是主要突出物体本身的结构特征。与其说结构素描是一种绘画的方式，不如说它是一种理解物体的方式。结构素描表现的是物体在三维空间中的状态，作画的时候要把实体的物想象成透明的物体，将其自身的前与后、外与里的结构表达出来，因此要求作者具备很强的三维空间想象能力以及对物体结构的分析与解构能力（图5-15）。同时，由于对物体结构的解构分析与重构表达都是在虚拟的三维空间中想象完成的，因此透视原理与关系贯穿整个作画过程。在结构素描之外，还有一种素描称为"明暗素描"，后者在基本的结构关系表现之上，更多地强调光影条件对物体的影响。对于初学者而言，两种素描方式都应该掌握，而结构素描更为基础、重要一些（图5-16）。

结构素描的基本步骤大致分为6个步骤。

（1）分析物体的造型与结构：在动笔之前认真观察，可先在草稿纸上单个地勾画出物体的基本造型线稿，弄清楚物体造型各结构的相互关系。

（2）确定构图关系，归纳几何形体：根据物体之间构图的基本形式将各物体合理、恰当地布局于完整画面。在构图时要注意主次分明，将物体的主要结构安排在画面的视觉中心，同时也要注意其他部分的均衡与协调；整体大小适中，切忌太大或太小。一般而言，物体应该占到画幅的80%左右。理论上说，任何复杂的形体都可以简化为标准的几何形体，如长方体、圆柱体、椎体、球体等。

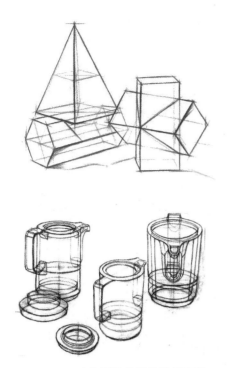

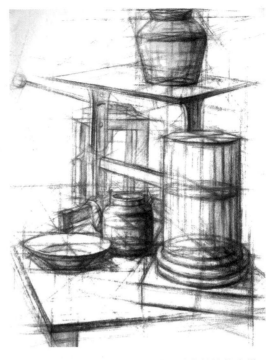

图 5-15　由简到繁的结构素描案例　　　图 5-16　以线条表现形态结构特点的结构素描

（3）确定比例关系，勾画大体轮廓：比例关系随视角变化而变化，因此在作画之前，要先确定观看的视角，再通过物体各结构之间的关系形成大、小、方、圆等相互的比例关系。通过各个形体的转折变化关系确定关键的点，以点连线，以线概面，以面现体。

（4）表达结构关系，交代体量尺度：在基本比例关系的基础之上，进一步刻画出物体的各种结构，这一步是结构素描中形体塑造的关键。在画物体结构时，既要勾轮廓式的结构框架，也要交代"看不见"的结构关系。从透视关系出发、从整体出发，以解剖的手法画出各个结构面及其转折与延续，要特别注意理解与表达形体之间的穿插关系。结构关系画法是从整体的块面入手，解剖为体面，再从大体面中去找小体面，在小体面中去分析局部体面等细节。

（5）生动塑造形体，表现空间关系：结构素描着重表现物体形体结构及其各个部分之间的组合关系。在深入塑造形体时要强调线条的准确和表达力。注意处理物体与所在空间的关系，以长直线快速定位形态的关键的大感觉，并能传达出线条的节奏与韵律的美感。

（6）化繁为简、整零归一：为求造型的准确、生动与真实，对交代得含糊不清的结构要作明确肯定的结尾，外形轮廓要结实、连贯。空洞的画面要补充细节，过于烦琐的局部也要大胆删去，营造整体的画面感。

5.3.4　质感与细节

俗语说："魔鬼在细节里。"（The devil is in the detail）细节往往是决定事物整体效果与质感的关键所在。美国苹果公司工业设计部高级副总裁乔纳森·艾夫（Jonathan Ive）求学期间实习时，曾以精湛且富有创意的方式，完成一系列钢笔草图：在一张透明薄膜上作画，薄膜背面涂上一些水粉颜料，然后把薄膜翻转过来勾勒出细致的线条，呈现出半透明的效果，精妙地传达出他所构想的材料特质。乔纳森当时的同事回忆起他的草图效果时，经常感叹根本分辨不出来是徒手作画还是使用圆规直尺等工具。逼真的质感与一丝不苟的细节，帮乔纳森打下了扎实的工作作风。

草图的质感往往体现在细节里，比如以下几个方面：线条、构图、比例、透视，以及光影关系等。另外，为了丰富画面效果，在产品草图里可以适当增加造型剖面、形态转折辅助线、操作与使用方法提示、场景简要描述（包括人物和空间），以及箭头、阴影、透视关系的辅助线等（图5-17）。

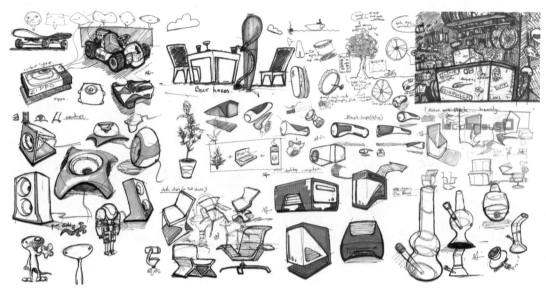

图 5-17　细节丰富的草图案例，来自设计师 Matt Leigh

5.4　技法与工具

手绘工具实际上是非常宽泛的概念，钢笔、签字笔、圆珠笔、记号笔、毛笔、铅笔、水笔、色粉笔、油画棒、马克笔等都是常见的手绘工具。除此之外，任何可以用来表达创意的小物件也都可以成为手绘工具，比如一次性纸杯、筷子、N次贴、餐巾纸、棉棒、牙线、瓦楞纸、牛皮纸、树叶树枝、围裙、购物袋等（图5-18）。除了画下来的方式之外，剪贴、拓印、雕刻、印染等方式也都可以用来收集与记录创意。工具的选择与应用，本身也是设计师创意的体现。法国鬼才设计师菲利普·斯塔克（Philippe Starck）最出名的作品——酷似外星人的榨汁机，其创意就是在一张餐巾纸上形成的（参见图4-1）。

图 5-18　以一次性咖啡杯为载体的手绘创意

5.4.1　单色线稿

线条的表现力、简洁以及高效在草图形式里起着重要作用。线条适合构型、表现空间感以及阴影之类的辅助效果。比如利用粗细不同的线条强调远近或重要程度；通过高光和暗面强调产品的立体感并实现空间的纵深感等。线条是否利落、流畅、准确是判断线稿类草图质量的关键。大多数人在刚开始练习手绘时，落笔犹豫、不敢下笔，下笔之后也容易出现断断续续、一笔一顿的问题，导致线条的延展感被破坏，产品形态显得粗糙模糊，整个画面也无法体现简洁有效的美感。

因此，练习画线是每个初学者必须闯过的一关。横线、竖线、曲线，都可以利用报纸来完成。利用报纸排版的紧凑布局，将每个字作为画线的参照点：通过将每行的字、每列的字、对角线的字连起来，来分别进行横线、竖线与斜线等线型的画线练习。

1. 铅笔

因为铅笔的可擦写、使用方便、成本较为低廉、软硬度可控制等优点，铅笔是初学者第一个接触到的手绘工具，也是最容易上手的工具之一。一般来说，铅笔线稿显得粗犷、随意、自由。

为什么要称为铅笔呢？我们都知道铅笔的笔芯材料是由石墨制成的。早在古罗马时期，人们就开始尝试使用铅棒在草纸上书写，但只能留下很浅的痕迹。最开始，铅芯被削成片状使用，由于抓握不方便，又容易被折断，因此人们将铅芯用绳子、布条、木头等材料围绕并捆绑起来，这也成为现代铅笔的雏形（图 5-19）。

图 5-19　现代铅笔的雏形，以木片夹裹铅片

目前世界上大部分国家都以欧洲系统的标示法来标示铅笔的种类。该标示法系统定于 20 世纪初期，采用了硬度和黑度混合的分级方法。以 H 代表硬度 (hard)，B 代表黑度 (blackness)，F 代表硬度刚好可削成细尖的程度 (fine point)。H 类铅笔笔芯硬度相对较高、颜色较浅，适合用于界面相对较硬或粗糙的物体，比如木工画线、野外绘图等；HB 类铅笔笔芯硬度颜色均适中，适合一般情况下的书写；B 类铅笔笔芯相对较软、颜色较深，适合于绘画，表现结构、轮廓、阴影等（图 5-20）。

铅笔线稿的线条厚重粗犷质朴，利用不同的笔锋变化、软硬变化可以画出粗细、轻重、深浅不一的线条，灵活多变（图 5-21）。

常见铅笔主要以笔芯的材料为标准进行分类（表 5-1），初学者一般使用石墨铅笔练习手绘即可。铅笔种类的差异对于初学者而言可能并不容易显现，而主要是练习线条的流畅、利落与准确。

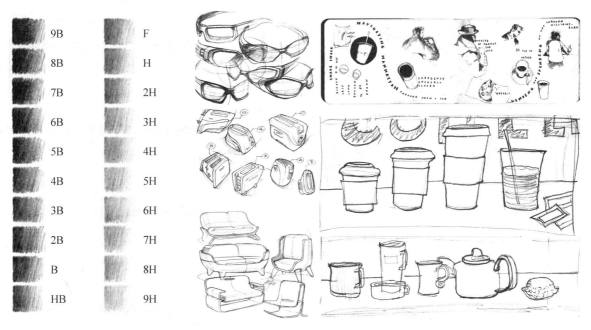

图 5-20　不同硬度笔芯的黑度变化　　　　　　　　图 5-21　优秀铅笔单色线稿草图

111

表 5-1　常见铅笔分类

石墨铅笔 (graphite)	传统石墨铅笔的主要成分为黏土及石墨 (graphite)。目前最多可制造出 20 个明暗调，也就是不同深浅的墨色调子。可用于制图、书写、美术素描、手绘速写等，笔触流畅，选择多样，流畅易用	
碳精铅笔 (charcoal)	碳精铅笔以碳粉 (charcoal) 为主要原料，调子比一般石墨铅笔要黑，因此效果更亮丽。展色容易，可擦拭开来成不同的层次效果，方便叠色与混色。但由于笔芯较软，使用起来耗损率比较高，投入成本较高。除纯正的黑色之外，也能制造出不同深浅的黑调系列；同时还有其他常见色调系列，比如深褐色 (sepia)、浅褐色 (burnt sienna)、灰色 (gray) 及白色 (white) 等。对于需要烘托出不同色调与画面层次的绘画要求比较适宜	
炭黑铅笔 (carbon)	炭黑铅笔的笔芯以黏土屑及烟黑（lampblack）作为主要原料，但也会依据不同的用途而生产出黑色深度不同且另外添加石墨及碳精粉的笔芯。炭黑铅笔的黑调比一般石墨铅笔要丰富一些，且笔触更加流畅光滑，因此在不同的纸张上笔感很轻盈，尤其适用于质感光滑的纸张介质。如果喜欢调子较深且笔触轻盈的用户，可以优先考虑选用这种铅笔	
素描扁芯笔 (flat sketching graphite)	素描扁芯笔是以方扁型的石墨黑铅笔芯制作的铅笔，是主要为设计草图、素描速写等用途而专门生产的铅笔。由于笔芯形状的特殊性，尤其适合用来表现不同体量、线条性格、结构重点以及阴影细节的产品手绘速写、平面设计中的英文字母字体设计、Logo 设计、图案设计，以及铺设大面积暗面或阴影的素描绘画等。线条利落明快且有变化，比较容易表达出手绘者的个人风格	
水性素描铅笔 (sketch wash araphite drawing)	水性素描铅笔是经过特殊工艺处理的水溶性石墨铅笔，可用笔尖蘸水做深浅不同的明暗调子，也可直接画在潮湿的纸上，便可出现更深黑的线或更精细的线条；另外也可用作暂时性的记号笔，比如构思说明等，在不需要时用湿纸巾即可轻易擦拭干净	
插画构图铅笔 (layout ebony soft black drawing)	插画构图铅笔主要成分为石墨、烟黑 (lamb black)、黏土等。可画出柔美的黑调，笔芯较软，可配合一般石墨铅笔作素描等的创作	
热转印铅笔 (transfer)	热转印铅笔是一种专为特殊工艺需求而制作的铅笔，笔芯是红棕色的、具有可转印性的特制铅芯。可用转印铅笔将图稿描绘在透明描图纸上，再用熨斗在描图纸背面加热，便可将图稿转印到布料或其他材料上，以便雕刻、上色或制作等	
纸卷炭精铅笔 (peel & sketch paper wrapped charcoal)	纸卷炭精铅笔是以纸条包缠炭精笔芯的铅笔，其笔芯与一般木制的碳精铅笔相同，也具有各种软硬度的炭精笔芯。其主要优点是免削，可轻易将外面缠绕的纸条撕开以便继续使用	

彩色铅笔 (colored)	彩色铅笔一般以色粉、黏土及其他填充剂为主要成分，并添加软蜡或黏剂。不同品牌提供不同数量的颜色系列，12 色、18 色、24 色、36 色、48 色等较为常见，也有 96 色、108 色、120 色的专业色铅套装。颜色分类越多，价格越贵；对于初学者，36 色与 48 色是比较合适的选择	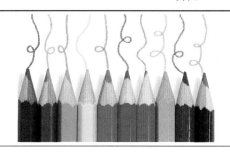
水性色铅笔 (water coloured)	水性色铅笔适合干湿技巧并用，既可干笔作画，也可利用水彩技巧以笔蘸水作画，亦可干湿并用，既能保留彩色铅笔的线条或肌理，也可以体现柔和温润的效果，完全依作画需要而定。既可在干纸上作画，也可在湿纸上作画，使用非常便利自由。水性色铅笔的原料成分可分为两类，一类是以染料性色粉为发色体，价廉易渲染，但色彩饱和度低，遮盖力差，耐光性不佳，容易褪色；另一类则是以传统颜料为原料基础，颜料色粉含量比例越高，价格越贵，色彩饱和度高，遮盖力、耐光性都不错。与传统水彩颜料相比，即使渲染效果比较有限，但胜在携带方便，使用容易	

2. 绘图笔

与铅笔不同，圆珠笔、钢笔、针管笔，以及各种水笔等绘图笔工具的主要差别在于，后者不能涂改或擦拭。下笔前要仔细观察对象，做到心中有数、胸有成竹、一气呵成，于是画面也更能体现出干脆利落、随性洒脱的强烈效果。圆珠笔等工具由于表现速度快、出油流畅、不易晕染、携带方便、使用广泛，且与文字书写结合较为紧密等特点，更容易体现速写草图要求的"快、狠、准"，表现真实的思维过程——一旦下笔便无法修改，画在纸上的所有形态都会留在纸面上，因此已成为国内外专业设计师的主要选择。表现轮廓细节时，可通过笔尖精确勾勒；表现曲面时，可通过颜色深浅以及线条的疏密来表现。

这类线稿草图的娴熟技法只能通过反复练习、不断对比比照，才能得到提高。一旦掌握，便可不再过多依靠铅笔、马克笔等成本较为昂贵、损耗率较高，且用时更久的速写工具，因此属于进阶级的草图绘制工具。

如图 5-22 是以不同颜色的圆珠笔绘制的打印机草图与电热水壶草图，红色、蓝色、黑色是最为常见的三种圆珠笔颜色，成本低廉、购买方便。仔细观察画面可以依稀看到设计师落笔的方向、力度，以及润色画面的笔触与过程。由于添加了结构线、操作示意图、阴影、转折面、轮廓加深等效果，画面显得既干净清爽，又主次分明、内容完整。

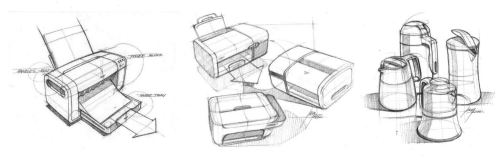

图 5-22 以圆珠笔作为主要工具的速写草图

5.4.2 马克笔手绘

马克笔常被用来表现产品的颜色、质感、体量感，以及光影等效果，尤其是投影的表现——是二维平面中表达三维效果的一种常用技巧。马克笔是手绘草图的利器，有很多使用方法，一般都用在线稿之后的上色环节。在一张平淡无奇的线稿上，马克笔只需寥寥几笔，便可立即赋予画面中产品鲜活的体量与质感。马克笔笔触粗犷、风格强烈，特别适合表现体面与材质的真实。一般而言，一幅完整的手绘效果图，经常会综合使用多种工具，包括彩铅、圆珠笔、黑色水笔、水彩、干性或油性马克笔、白色修正笔、水粉颜料等。

马克笔的笔头有两种，一种是粗扁平头，另一种则是细圆尖头；适当运用笔头的顶端能画出变化多端的线条或体面来。通过与轮廓线平行方向的笔画紧密排线就能形成面，如果是油性马克笔，还能叠加上色，形成面的渐变，表现出不同的光感与体量感。马克笔的即时性比圆珠笔等工具更加突出，一笔下去大局已定，因此下笔之前一定要深思熟虑。尽管马克笔缺乏彩铅、水彩等上色工具的细腻过渡效果，但利用同色系以及粗细结合的线条，也可以制造出渐变且风格统一的效果。

马克笔上色步骤一般分为勾勒和重叠：首先，用铅笔或圆珠笔、钢笔等起稿，勾勒骨线，不用拘谨，手法要自由流畅，即使出现错误，马克笔上色时大部分也能覆盖掉。马克笔上色时要放松敢画，不然最后出来的画面效果会显得小气没有力度。马克笔的颜色不要重叠太多，不然画面会脏掉，尽量使用同色系颜色重叠，以达到更丰富的层次、简洁的色彩效果。马克笔的下笔笔触会形成产品外观材质的质感，因此要格外留意，或平或直或斜，事先要考虑好（图 5-23、图 5-24）。

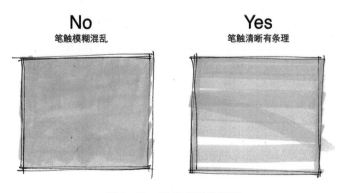

图 5-23　马克笔铺色技巧

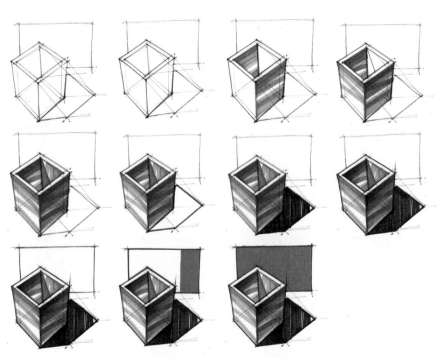

图 5-24　马克笔上色步骤与技巧

1. 工具介绍

马克笔按笔头类型，可分为纤维型笔头和发泡型笔头。前者笔触硬朗、流畅，色彩通透，适合于空间体块的立体感塑造，多用于建筑、室内、产品、工业设计等；后者笔头较宽，笔触柔和，色彩饱满丰润，能体现出厚重真实的质感，特别是颗粒状质感，适合绘制园林景观、人物等。马克笔按墨水可分为水性、油性、酒精性马克笔。

水性马克笔：颜色亮丽，具有通透感，价格较为亲民；缺点是多次叠加后颜色会变灰，且容易损伤纸面。

酒精性马克笔：可在任何光滑表面进行绘制，速干、防水、环保，多用于速写、书写、记号、POP 广告制作等。另外，可用蘸水的笔与酒精性马克笔叠加使用，涂抹之后，效果类似水彩，颜色过渡自然而温润。

油性马克笔：快干、耐水，且耐光性相当好，颜色不易褪，多次叠加也不会伤纸，画面效果柔和。缺点是价格较高，比如日本 Copic 品牌 Sketch 系列马克笔，单支价格在 20 ~ 30 元左右，颜色多达300 余种。

常见的马克笔品牌主要有日本 Copic、日本 Marvy、美国 Sanford 以及韩国 Touch。

日本 Copic 马克笔是高质量的高端手绘工具，广泛流行于建筑设计、产品设计、工业设计、交互设计、平面设计，以及动漫插画行业等。日本 Copic 马克笔拥有超过 300 个颜色，可更换笔尖和墨水笔芯；Copic 马克笔笔尖柔软，易于表现类似毛笔那样的柔软笔触，还能在复印过的图纸上直接描绘，且不会溶解复印的墨粉。一代 Copic 马克笔 Marker：方形笔杆，一头是方头一头是细头（fine，1.0mm），主要用于工业设计、产品设计等，可配 Copic 的喷枪系统工具，是专业级工具，共 214 种颜色。二代 Copic 马克笔 Sketch：椭圆形的笔杆，一头是斜扁头一头是软头，主要用于动漫插画、园林景观、建筑设计、室内设计以及服装设计，可以配 Copic 喷枪系统，是专业级工具，共 358 种颜色。三代 Copic 马克笔 Ciao：圆形笔杆，一头是方头一头是软头，是一款相对于二代的入门经济型马克笔；笔帽双端没有色号标注，笔号标于笔身上，共 180 种颜色。初学者选购 Copic 马克笔可以以色系为单位进行选择性购买，比如先买齐灰色系，再来集齐其他色系。

美国 Sanford（三福）公司，1857 创立于美国，是书写工具和艺术供应业的领导者，全世界最大的文仪用品集团之一。精细笔尖的夏比（Shanpie）记号笔成为世界上第一支永久标记的记号笔，可以在任何纸张、玻璃、木材、石头、塑料、金属等几乎所有表面留下鲜艳永久的印记。

韩国 Touch 油性马克笔颜色准确，价格便宜，性价比较高，适合学生以及预算较少的人群使用；常见 Touch 马克笔是双头酒精的，大小两头墨水饱满，尤其是亮色十分显眼，灰色稳重，在颜色尚未干透之前进行多色叠加容易产生自然过渡的柔和效果。日本 Marvy 也是针对初学者的入门品牌，分单头水性以及双头酒精马克笔两种，可与 Touch 马克笔搭配使用；价格便宜，但绘画效果一般。

2. 练习要点提示

多临摹优秀的马克笔效果图无疑是最为有效的练习途径。在练习初期，可以多尝试勾画尺寸小一些、造型简单、质感单一的产品。以下练习要点不分先后，需要在不断地实践当中领会，才能逐渐形成自己的马克笔使用心得与个人风格。

（1）多利用碎片时间，临摹小的产品。

（2）揣摩各种笔触、用笔技法与线条风格之间的对应关系。

（3）笔触是马克笔表现力的关键，既要锻炼整齐划一的排笔技能，也要善于打破规律，结合产品本身，创意性地留白或铺满。

（4）上色前要首先预设画面的整体色调以及物体所在空间的光影关系。一般而言，素描基础越扎实，上色起来越能得心应手。先上产品的固有色，其次是环境色，最后是产品的暗面和投影。

（5）尝试多色叠加的颜色过渡，对于初学者而言，可以尝试先浅后深，保证深色与浅色之间没有留白的缝隙；如果要重点表现光影效果，便要注意留白；如果要突出表现体量与空间，便要注意笔触的方向与整齐。

（6）尝试各种手绘工具的综合效果，比如彩铅＋马克笔、水彩＋马克笔、圆珠笔＋单色马克笔、多色马克笔组合练习等。彩铅一般运用在马克笔上色之后，起到调和、协调的过渡作用（图 5-25）。

图 5-25　彩铅与马克笔综合表现的产品效果图

（7）马克笔上色忌讳颜色过多过杂，整个画面显得脏乱无主题。安全的方法是，先大面积地铺灰色系，运用灰色系色彩将产品的素描关系表现出来，光面、阴面，以及转折与过渡面等。以整体色调与风格作为基础，谨慎利用其他亮色进行点睛处理。亮色一定少用，否则画面会花掉。

5.4.3　数位板

数位板（graphics tablet、digitizer，又称为"数码绘图板"或"电绘板"）是一种以电磁技术为原理的输入装置，也是计算机周边的配套产品之一。以专用的电磁笔在数位板表面的指定工作区上绘画或书写，电磁笔便会发出特定频率的电磁信号，其内部配有微控制器与二维的天线阵列，微控制器依序扫描天线板的 x 轴及 y 轴，然后根据信号的强弱计算出下笔处的绝对坐标，并将每秒 100 ～ 200 组的坐标数据资料传送到计算机。

目前，市场认可度较高的产品是日本品牌 Wacom，成立于 1983 年，是全世界第一款无源无线数位板的生产制造商。1994 年推出首款面向普通消费者的数位板产品 Art Pad，1998 年推出专业型数位板产品影拓（Intuos），畅销至今。由于目前的渲染软件和鼠标始终无法模拟出手绘线条的灵动与自由，数位板为设计师提供了一种将线稿直接输入计算机，快速实现效果表现的途径（图 5-26）。

图 5-26　设计师使用 Wacom 数位板绘制草图和效果图

无论科技如何发达，数位板与纸张的质感、电磁笔与一般绘图笔的手感之间总是有所差异。为了解决输入输出的麻烦，Wacom 公司推出了一款名为 Inkling 的离线数位笔产品，允许设计师以特殊的圆珠笔为绘图工具在任何纸张上作画，只要在纸张或速写本边缘夹上无线接收器即可。所有绘图记录都会被保存下来，以矢量格式输入计算机，并结合常用设计软件进行进一步编辑与渲染，比如 Adobe Photoshop、Illustrator、Autodesk Sketchbook Designer 或 Sketchbook Pro。另外，文件也可保存为 JPG、BMP、TIFF、PNG、SVG 和 PDF 等格式，应用于其他设计程序，拓展性很强，使用范围广泛（图 5-27）。

图 5-27　Wacom Inkling 离线数位笔

Inkling 数位笔由硬件和软件组成。硬件包括一支可更换笔芯的圆珠笔和一个捕捉并存储数字草图的无线接收器。2GB 的内存能存储数以千计的草图。圆珠笔使用 Wacom 的压力传感技术（配备 1024 级压力感应），能分辨绘图时笔尖对纸张的不同压力。这些差异化的压力水平将以数字形式被捕获并保存下来。

5.4.4　计算机绘图

与手绘相比，计算机及其软件的使用为表达设计方案提供了另一种视觉交流的手段。手绘更强调设计师的思维方式、手头功夫以及综合素养，要求手、眼、心三者并用，且个人风格在手绘草图中表达得淋漓尽致；利用电脑绘图则完全建立在另一种思维方式上，有章可循、有法可依，按部就班就能表现出预想的质感与效果。

计算机辅助工业设计（computer-aided industrial design，CAID）的绘图软件按擅长的领域可以大致分为 3 类。

第一类用于表现二维平面效果，常用软件包括 AutoCAD、Autodesk Sketchbook Pro、CorelDRAW、Illustrator、Painter、Freehand、Photoshop、InDesign、SketchUp 等。目前看来，单纯使用二维软件绘制产品效果图的情况比较少见，因为使用二维软件绘制的效果图质量不一定优于手绘草图，而且耗时还比较久，大多用在平面设计、包装设计、书籍装帧设计、版式设计、服装设计等领域；在产品设计、工业设计领域，多使用手绘勾勒线稿导入（或直接使用数位板绘制线稿）、二维软件上色以及渲染场景效果等，这样的方式可较好地结合两者的优势（图 5-28）。

第二类用于三维建模，快速构造出产品的三维结构或外形，常用软件包括 3D Studio Max、Rhino 3D、Alias、SolidWork、Pro/ENGINEER、Zrush、Modo。这些软件有的擅长于快速曲面造型，有的精于产品模型的精度与细节，有的则主要胜在与工程制造软件的数据转换兼容性，均有各自的优势与局限性，需要根据方案特点、项目要求以及设计师自身的使用习惯与熟悉程度来选择使用。

第三类则属于渲染软件，导入第二类三维软件的模型之后，进行光照条件模拟、表面质感仿真以及动画效果制作。比如金属、塑料、木材、玻璃等属于产品设计中四大常用材质，需要熟练掌握在不同光照条件下的反射属性，才能渲染出逼真的视觉效果。第三类软件常见的包括 VRay、

Cinema4D、Softimage|XSI、Houdini、Lightwave 3D、Photorealistic Renderman 以及 Mental Ray 等。

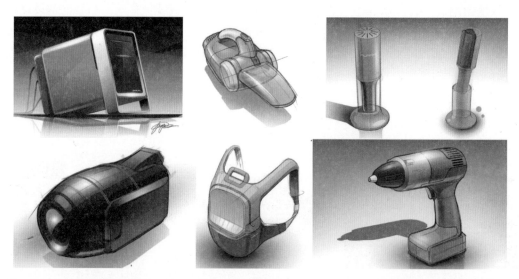

图 5-28　Wacom 数位板绘制线稿、Photoshop 与 Autodesk Sketchbook Pro 铺色渲染，Spencer Nugent 作品

设计师必须熟练掌握所有三类计算机软件中的一至两种，才能应付日常的设计工作。CAID 具有强大的三维建模与渲染能力，有助于设计意图在工程制造过程中的视觉转化与沟通。由于 CAID 往往能够表现出逼真绚丽的画面效果，且更容易表现复杂精细的内部结构，因此得到了很多设计师与客户的欢迎。然而，它的缺点也显而易见，比如模型不易修改、建模与渲染时间较长、对计算机硬件要求较高、机动性较差等，因此无法完全代替手绘。即使在信息时代，手绘仍然是设计师必备的看家本领之一，也是最能体现设计师思维特点与个人风格的方式。

5.4.5　其他工具

1. Android 绘图模板套装

此款绘图模板主要是针对交互设计师群体。为了更加高效、便捷、直观地表达想法、呈现思路，交互设计师通常需要把界面、图标、网页等徒手绘制下来。与产品设计不同的是，交互设计涉及的手绘对象都是二维平面的、形态简洁的、相对位置确定的，因此这套模板工具提供类似三角板等绘图辅助工具的功能，能够很快地实现应用图标以及交互流程的绘制。该模板由 UI Stencils 公司推出，该公司致力于提供网页以及应用设计等交互设计工具。Android 模板套装由一个高精度不锈钢模板、一张塑料保护膜以及一根 Zebra 铅笔构成，非常适合快速手绘 UI 草图、设计流程、线框图，描绘用户体验等。模板上提供了交互设计师常用的按钮、图标、符号等，包括导航栏、标签栏以及常用菜单图标系统等（图 5-29）。

2. 交互设计快速原型工具

随着智能手机的发展，Android 平台与 iSO 平台已有很多应用程序可以模拟 App 开发过程，快速生成各种 App 原型。在互联网时代，交互设计师能够逐渐获得更多高效的工具资源，快速生成原型框架并演示一些简单的交互功能（图 5-30）。

图 5-29　Android 绘图模板套装

图 5-30　交互设计快速原型工具

Flinto（https://www.flinto.com/）：可用于演示 APP 原型，能迅速将设计好的原型图（框架图亦可）链接起来，并以 App 形式展示交互效果。当需要给客户模拟呈现产品最终效果时，便能看到类似成型的 App 一般的效果。复杂程度中等的 App, Flinto 一般只需 5 分钟就能制作完原型展示，高效简洁。

POP（prototyping on paper, http://popapp.in/）：其特点在于通过简单的拍摄就能将纸面上的草图转变为可在 iPhone 上演示的应用原型，并能生成 URL 进行分享。

Concept（http://concept.ly/）：快速转换框架图与 UI 设计草图为交互式 App 程序。

Fluid UI（https://www.fluidui.com/）：制作产品线框图非常方便，对后期界面设计、产品功能设置以及上线测试等都能发挥影响。资源库相当丰富，对各大平台包括 iSO、Android、Windows 都配备有适应的资源，支持手势添加、动画效果、真实模拟用户体验与操作。

Brief（http://giveabrief.com/）：资源库内置丰富的 UI 组件与控件，快速创建 App 框架图，添加 Actives 触发动作实现交互效果。

Axure（http://www.axure.com/）：业界认可度较高，应用广泛。高效制作产品原型，快速绘制线框图、流程图、网站架构图、使用示意图、HTML 模板，支持 Javascript 交互，生成 Web 格式供客户浏览试用。

3. Adobe CS 彩色马克笔

如前所述，马克笔是设计师给手绘草图上色、增添逼真效果的重要工具；大部分品牌的马克笔配色多达上百种，对于设计师而言，挑选什么颜色进行作画不啻为艰难的选择。同时，马克笔套装的便携性也比较差，马克笔笔身的直径都比较粗大，大概在 1cm 左右，携带 10 只以上的马克笔就比较麻烦了。如何才能在保证色彩丰富程度的基础上，既降低色彩选择的难度，又增加马克笔的便携性呢？

设计师 Yeban Shin 发明了一款名为 Adobe CS 彩色马克笔的概念化工具，可以很好地解决上述难题（图 5-31）。Adobe CS 彩色马克笔配备了 4 种规格的笔尖，分别是 0.3mm、0.5mm、3mm、7mm，分别适用于不同线型的创作要求。它将 CMYK 墨盒与微流控技术相结合，该技术一般运用于医药行业。笔身配有颜色选择按钮，可供设计师自由选择，甚至创建或精确配比出自己最喜欢、最想要的色彩。

与数控板的功能类似，使用这款绘图笔的同时，能够自动将草图保存到笔帽中的 SD 卡中，以笔帽连接到计算机后还可以用相应软件进行进一步的修改、编辑以及完善。

4. 信息图

视觉交流的潜力在当代获得了长足的发展，成为信息时代最主要的交互方式。面对蜂拥而至的信息，人们必须进行选择性吸收。同时，各种信息之间又是相互渗透、互相关联的。正如爱德华·汉密尔顿（Edward Hamilton）所言："我们吸收的信息都是一时一物的、摘要的、线性的、局部的，但却又是以连续性的方式……如今，图案这个术语，……将更多地被应用来研究探讨我们所生活的这个世界——包含整个环境刺激因素的世界。"

信息图（infographics）是指为某些数据专门定制设计的图形图像；换言之，将冗繁、复杂的文本数据呈现为图标、图表、图形、图画等视觉形式。认知心理学研究结果显示，人类获取知识与信息的最大感官渠道来自于视觉。以图说话也成为信息化时代的标志之一。在信息冗余、信息过载等压力下，图形超越文字，成为大众获取媒体信息的主要渠道（图 5-32）。信息图也是平面设计的新兴领域，大致遵循以下步骤。

（1）布局设计：将所有信息整理分类为若干单元，并排列为网格型、流线型、圆心型等。

（2）色彩设计：按照数据内容及其特点，选择主题色彩。

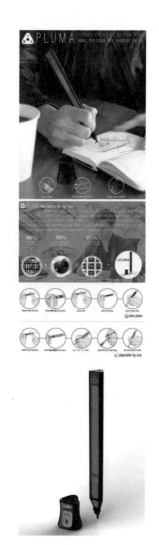

图 5-31　Adobe CS 彩色马克笔

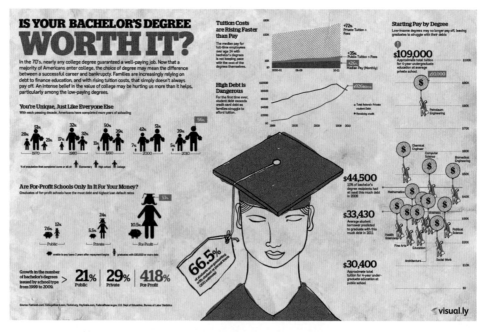

图 5-32　信息图案例："学位的价值"

（3）文字设计：数据文字内容的音韵、节奏、逻辑、结构、物理尺寸都决定了排版的可能性。在一幅信息图中，字体选用最多不要超过3种。

（4）表现统计信息：对图片、文字、数据、艺术等进行综合处理，统筹为统一又富有变化的画面效果。确定哪一类信息使用什么形式的表达方式，比如不同直径的圆圈用来表现数字问题、几何图形用来表现空间维度、线性图形用来表现时间数据等。

在发现设计问题、思考设计问题的环节里，面对复杂的用户数据和调研信息，信息图是向团队成员、上司以及客户交流想法、汇报进度与思路的得力工具。信息图的重点是逻辑与思路，而不是图形与视觉效果；因此，在绘制信息图之前，设计师需要对将要处理的信息进行分析、归类以及统筹。信息图的绘制过程本身也是帮助设计师整理思路的有效方式。

5.5 设计表达与交流

在整个设计过程中，随着用户研究、问题分析与定义、收集资料、方案优选、方案选择的不断深入，各种形式的设计草图、效果图、模型等设计表现形式随之应运而生。

不同设计阶段主要应用的视觉表达形式如下：

（1）概念成型——文字与图表；

（2）方案优选——草图与手绘效果图；

（3）方案展示——设计报告书与展板；

（4）细节定位——结构爆炸图；

（5）造型优化——电脑效果图；

（6）前工程阶段——模型、样机与手板。

下面将详细介绍设计报告书与展板、结构爆炸图，以及模型、样机与手板。

5.5.1 方案展示——设计报告书与展板

产品设计报告书是将整个设计过程整理、总结为文本形式加以呈现的方式；一份设计报告书实际上也是毕业设计报告的缩减版本，主要包括以下部分。

（1）前期调研（发现问题）：用户研究、现有产品分析、产品机会缺口分析、设计问题定义等；

（2）设计分析（思考问题）：问题定位、构思方案（草图）、功能定位、材料与工艺分析、可用性测试、方案优化等；

（3）方案表现（解决问题）：三视图、结构爆炸图、效果图、设计总结等。

产品设计报告书的具体内容或形式并没有固定的标准；根据项目难度、客户要求、时间成本等因素，报告书的具体内容与形式也各不相同。如果条件允许，还可以加上封面、目录、进度安排、个人经验感言等，页数一般在25～40页比较适宜。然而，设计报告书的内容是否完备并非考察重点，设计师的思路、创新点，以及创意化的方案解决能力才是甲方、客户，以及老师最为看重的方面。

产品设计展板指的是将作品的构思过程、最终效果图、使用场景、操作方法、创新点等内容整合到一定尺寸的版面里，并打印出来用于展览、参赛、答辩等正式场合。展板设计的过程实际上也是平面设计的一种，要考虑综合主题、版式、构图、色彩、字体、风格、打印材质等各个要素，兼顾造型与功能、形式与内容。

展板的目的不仅在于传达与沟通，与广告的作用类似，它的意义还在于让观者信服你的产品设计方案是最好的。因此，策略的选择很重要。你最想在展板中传达出什么内容？是产品的功能特点，还是产品的造型创意，抑或是产品的创新式使用方法，还是对某一有意义问题的解答？针对不同的诉求，展板的风格与视觉重点也应该有所区别。比如，如果是重点呈现产品功能，那么产品的主要视图以及与用户的交互方式应该是画面主体，是绝对的视觉中心；并对其功能的细节、局部、材料、工艺、使用方法等进行详细展现。如果是针对产品造型创意，那么应该精心选择能够表现产品美感的视角以及透视关系；画面其他要素应尽可能简洁，降低存在感，突出产品本身的质感；另外字体、版式、构图、色彩等要素皆应为产品美感服务，起到烘托作用，而不是分散注意力（图5-33 ~ 图5-37）。

图 5-33　以功能解释为主要诉求的产品设计展板

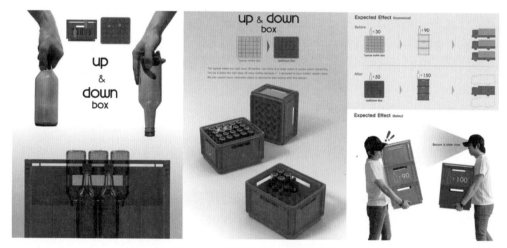

图 5-34　以功能与使用方式为主要诉求的展板设计

除此之外，还有一些建议可供初学者考虑。比如：展板的主体色彩应该与产品本身相适应，中性色彩作为主调比较适宜体现理性、专业、利索的观感，辅以一两种主题色进行点缀，这里的主题色也应该是产品本身的主题色；版式安排应该符合视线流动的路线，既要有规律，又要兼顾变化；内容铺排宁少勿多、宁空勿满；字体不宜过多，3种为限，且风格应互相协调，字号注意与版面尺幅相适应，正式送印之前应打印小样进行多次检核，以免出错；文字内容提倡中英双语混排，适合国际化场合，但要注意检查语法或拼写错误。

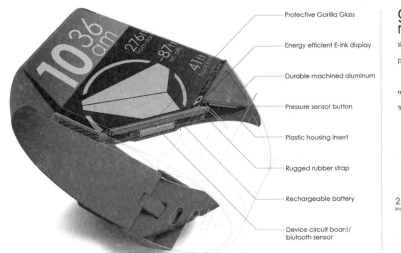

图 5-35　以产品形态美感与功能为重点的展板设计

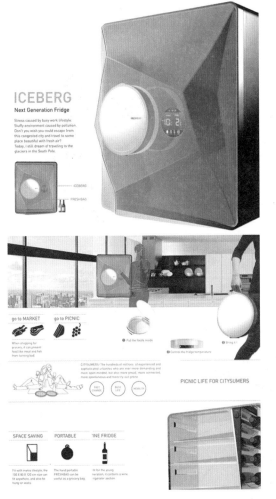

图 5-36　以形态美感作为主题的产品设计展板

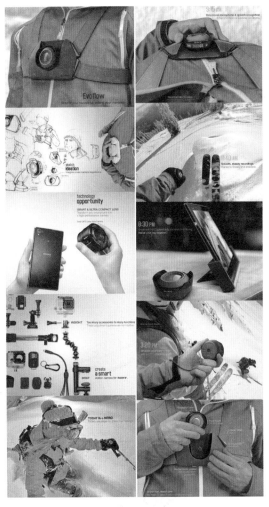

图 5-37　兼具功能、使用场景、操作方式、形态美感
等要素的产品设计展板

　　优秀的展板设计实际上考察的是设计师审美能力与形式美学等基本素养。平时可以多观察、学习优秀的获奖作品，尤其是国际大赛的获奖作品，比如德国的 IF 产品设计大奖、红点（RedDot）设计奖、美国的 IDEA 设计奖、日本的 G-Mark 设计奖、意大利的金罗盘（Compasso d'Oro）设计奖、

中国的红星奖等。

5.5.2 细节定位——结构爆炸图

结构是产品设计的重要细节，既是体现产品可实现性的主要参考，也是判断产品生产成本、制造工艺、装配难度等方面的关键工程指标。所谓"结构爆炸图"（exploded views）是指，在产品的外壳卸掉之后，将内部的结构零件、功能部件等按照装配位置以及相互关系的立体效果呈现出来；由于视觉效果如同爆破之后的现场，所有元件都暴露在眼前，因此称为"结构爆炸图"。在常见的三维软件，如 CAD、CAM、Unigraphics、Pro/ENGINEER 等中，爆炸图只是装配功能模块中的一项子功能。这样一来，工程技术人员或设计师的工作强度与难度降低不少，只要运行相应的操作功能选项，便能轻松获得立体装配示意图和结构爆炸图。除此之外，即使不熟悉工程类软件，利用常见的三维建模软件也能很快实现结构爆炸图的效果：在产品整体的三维建模完成之后，将各个元件的模型按照既定空间位置或水平或垂直地拉开一定的距离之后，再进行渲染输出。当然，手绘结构爆炸图、二维平面软件等绘制的爆炸图，也能生动地呈现产品设计的结构特点，同时也是对设计师空间想象力、逻辑思维能力以及手头功夫等方面的考验（图 5-38、图 5-39）。

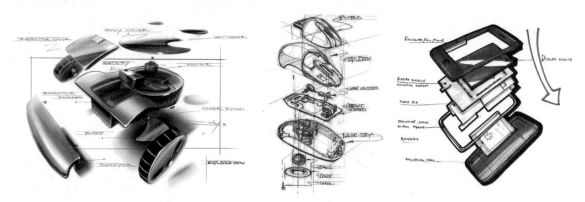

图 5-38　手绘产品结构爆炸图

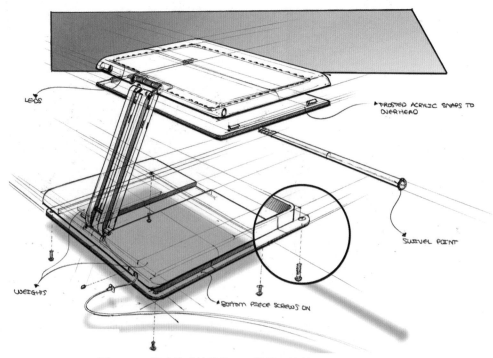

图 5-39　圆珠笔手绘线稿、二维平面软件上色的结构爆炸图

5.5.3 前工程阶段——模型、样机与手板

在设计过程中，简化甚至是略显粗糙的模型是一种探讨概念的有效途径。模型有助于帮助设计师理解设计的基础要素，探讨人机工程学、尺寸、工艺、比例、材料等问题；最重要的是能够更生动地把握整体的感觉。总体说来，模型的作用主要体现在以下4个方面：①解释性——以三维形式具体地表现抽象的设计意图与模糊的形态构思，这种以物说话的说明解释功能是模型的基本属性；②实体性——以人机工程学基本参数为基础，成比例地呈现产品尺寸维度，通过手感的触摸以及视觉的观察，推敲更为合理化的体量、更为适宜的形态以及表面质感；③表现性——以翔实的三维尺寸和比例、以真实的色彩与质感，从视觉、触觉、空间感、体量感充分呈现出设计构思的真实表现；④启发性——模型的制作有助于设计师发现问题，找到改善与提高的具体切入点，启发更多新的构思，推进设计的改良与优化。

通过各种易切削、易加工的廉价材料制作模型是探讨、沟通、修改产品设计概念的最佳手段。大型企业，比如苹果公司、摩托罗拉公司等设计部门，都会很快地从纸面草图过渡到实物模型，从草模（idea model）到样机（sample model）一应俱全。

制作模型最常见的材料主要是塑料泡沫、黏土、硬纸板等，当然生活中任何常见的物品也都可以成为合适的材料，比如纸壳、发卡、纸杯、易拉罐、塑料绳、笔、吸管、棉签、橘子皮、磁带、铁丝、卡片、纽扣等。工业设计常用的专业草模材料包括PU发泡材料、EK板、代木（仿木材的积层物，颜色多为暗红色）、中高密度保丽龙、汽车模型专用油泥等。成熟的设计师尤其善于组合各种材料制作模型。模型并不需要特别精细，只要简略地反映出设计概念，大致地表达出产品的使用功能、形式、比例与体量。

草模与其说是设计表达的结果，不如说是设计思维的催化剂，由于它能生动实在地表达产品的三维空间关系，使许多原本抽象、晦涩、难以想象的问题得到了直观简洁的呈现，也更能激发设计师的创造力。草模是设计师在打样之前用来自我检视或内部讨论产品的外形面、功能面、交互面时采取的手段，检测产品实物与设计师的初步想象是否有所差异。草模并没有严格的制作法则，只要能够启发设计师进行进一步思考与反思就算实现主要目标了。草模的制作与修改要快速、准确，充分利用各种临时材料表达相似的特征、概念与特点，为考察产品设计的可行性、合理性提供判断依据。

不同的设计流程以及阶段都会有不同形式的模型，主要是精细程度的差异，如概念模型、功能模型、产品原型（prototype）以及交互模型等（图5-40）。模型比例也有多种范围，从1∶1、1∶2、1∶5到1∶10不等；如果是复杂的交通运输工具或大型机械设备，为了节约成本也会出现1∶20到1∶30不等的尺寸比例；当然，1∶1的汽车油泥模型制作也是汽车量产之前必不可少的程序。经过多次模型的调整修改、样机试用、原型测试之后，产品才会进行量产，投入市场。

除了草模之外，精细模型及其制作也是设计过程的关键之

图5-40 各种形式的产品模型

一。众所周知，由乔纳森·艾夫领衔的工业设计工作室得以吸引重返苹果的乔布斯的注意力与尊重的，就是满屋的等比例产品精细模型。当你把一个抽象的概念转变成为一个实体化的东西时，设计师能体验到最戏剧性的变化。乔纳森·艾夫曾这样评价模型的价值："当你做出一个三维立体的模型时，无论多么粗糙，都能为一个模糊的概念赋予形体，然后一切都会发生变化——整个过程都会发生改变，因为它刺激了人们的感官，并把所有人的目光都吸引了过来，这是一个激动人心的过程。"

样机是量产之前严格按照设计图样制作、与真实产品外观一致，并装有机芯或其他功能组件、能够真实操作的真实产品模型，俗称"手板"或"打样"。在结构设计、工程设计之后，应该制作样机来检验产品的造型、功能、结构、零部件的装配关系等问题。常见的样机制作步骤包括数控机床（CNC）加工、激光快速成型、手工打磨调整等。随着 3D 打印技术的普及与成熟，草模、样机或产品原型将会通过更为便捷、准确、便宜的方式来实现。

本章重点与难点

本章的重点与难点不在于书面理论，而在于动手实践。通过本章的学习，首先要理解手绘对于设计师的重要性以及图解思考方式。

从临摹开始，掌握扎实的透视方法以及投影画法；大量练习线条画法，掌握体量感以及结构的表达方式；在逐渐深入的手绘练习过程中，体验质感与细节的重要性，逐步形成自己的手绘特点与风格。

单色线稿的练习先从铅笔开始，了解各种铅笔及其笔芯的手感差异以及绘画效果。熟练之后，以各种"一次成形"的绘图笔取代铅笔，体验线条的流畅以及手随心走的"一气呵成"。

了解不同马克笔的属性、用途以及用法，找到适合初学阶段的品牌、笔型以及颜色系列；逐渐学会各种绘画笔与马克笔的综合运用。

了解不同设计阶段的草图、效果图以及手绘速写要求，并掌握设计报告书、展板设计的基本内容、方法与原则。

研讨与练习

5-1 用两件不相关的日常用品设计一个闹钟，比如袜子与水杯、笔与卡片、香水与键盘等。每人提交至少两个方案，以手绘草图与思维导图两种形式说明方案与创意。

5-2 报纸连线练习：每天一张报纸量，横线、竖线以及斜线，每人 50 张报纸。

5-3 圆形透视练习：以正方体作为透视基础，徒手画出 6 个面的内切圆；变换正方体的位置，并继续绘制，直至熟练、准确。建议每天 15 个立方体，90 个不同方向不同透视关系的徒手圆形绘制。

5-4 临摹优秀马克笔效果图：以 A4 复印纸为载体，从线稿到上色，临摹画面中所有要素，包括产品、形态辅助线、阴影、使用方法、基本场景等。

推荐课外阅读书目

［1］［美］保罗·拉索.图解思考：建筑表现技法［M］.邱贤丰,等,译.北京：中国建筑工业出版社，2002.

［2］［荷］库斯·艾森，［荷］罗丝琳·斯特尔.产品手绘与创意表达［M］.王玥然，译.北京：中国青年出版社，2012.

［3］［荷］库斯·艾森，［荷］罗丝琳·斯特尔，产品设计手绘技法［M］.陈苏宁，译.北京：中国青年出版社，2009.

［4］［西］乔迪·米拉，温为才，周明宁.欧洲设计大师之创意草图［M］.北京：北京理工大学出版社，2009.

［5］刘传凯.产品创意设计［M］.北京：中国青年出版社，2005.

［6］［韩］郑美京.观察与生活［M］.杭州：浙江人民美术出版社，2012.

［7］［日］清水吉治.从设计到产品：日本著名企业产品设计实例［M］.上海：同济大学出版社，2007.

［8］吴国荣.素描与视觉思维：艺术设计造型能力的训练方式［M］.北京：中国轻工业出版社，2006.

［9］工业设计手绘网站 http://www.idsketching.com/.

第6章 设计评价与设计管理

完整的设计流程，从用户研究到设计师群策群力的概念构思，再到手绘草图、效果图、模型图等表现阶段之后，并没有结束。由于大批量生产制造任何一个产品将会涉及大量的人力、物力以及资金的投入，因此投产之前的任何决策、方案、计划都必须经过多次的修改、调整、完善，以及验证。本章将会向大家介绍在实际生产与投入市场之前的最后一项设计流程——设计评价与设计管理。

1989 年英国国家标准"产品设计管理指南"（Guide to Managing Product Design）将对设计活动与行为的管理称为"设计评估管理"，并分为设计审查、产品评估以及设计程序评估三个方面。设计程序评估指的是设计方案应在整体过程中加以评价；每一个设计程序的重要阶段都应该实施设计评价，因此设计评价的时机具体可分为：

第一阶段评价——检验设计规范与设计问题的契合程度；

第二阶段评价——评估设计方案与设计规范、设计问题以及企业背景的契合程度；

第三阶段评价——评估设计方案与生产、用户、市场之间的契合程度。

本章介绍的设计评价主要是针对第三阶段，即设计方案与生产制造、物流配送、用户体验，以及市场反馈等要素之间的相互关系。

目前，关于"设计评价"并未形成一致且公认的定义，设计评价 (design evaluation)、设计评估 (design assessment)、设计审查 (design review)、设计稽核 (design audit) 等概念之间的差异十分模糊，各有重合。20 世纪 60 年代对于设计评价的定义是，评估设计的解决方案是否符合设计规范、设计合同中所要求的目标与限制等。20 世纪 90 年代则界定设计评价为"经由正式的、可理解的、系统化的方式，检视设计力以及界定设计问题并提供适当的解决方案以吻合设计规范"，不论设计评价的方法、重点、要求各是如何，总是以获取设计效度 (validity) 为主要目的。设计效度取决于其是否吻合原始设定的限制与目的，吻合程度则有赖设计评价的执行与正确的评价决策。设计评价的主要目的是验证在市场需求的前提之下，是否提供了适当的产品并达到了功能、使用、成本等各项规格的要求。

我们常说，"设计以人为本"，既是指以人的需求为出发点，也是指以改善人类的生活质量为目的，具体而言这种以"改善"为设计最终指向的目标可以分为以下三个方面。

提升人类的能力——思维能力，包括想象力、同情心、认知力等。对于各种新兴技术以及服务载体的接受与理解能力，帮助人类更好地理解这个世界、认识自身。通过设计，再复杂的系统、再高深的理论、再尖端的技术、再前卫的观念，都可以透过设计过的界面为人类所利用与了解。

超越人类的极限——人类的生理机能是极其有限的，比如一般情况下，心跳停止 4 分钟之后，由于缺少血液的供给，人类会因为缺氧而死亡；心跳运动的极限不超过 1 分钟 220 次，也就说心跳过快也会导致生命体征的消失；人体能够承受的环境温度极限，大约在 116℃；最低体温极限大约在 14.2℃ 等。换言之，没有设计及其产品的介入，纯粹以人体的生理机能来生存就是非常艰巨的任务。通过输血设施、保暖衣物、加热设备，人类可以很大程度地提高生理极限，适应更严苛的环境。再比如，起重器可以帮助人类搬运远超过人类体能负载极限的重物；通过宇航服，人类可以在真空、极高温或极低温的环境中生存等（图 6-1）。

　　满足用户的情感需求——人类不仅需要应对严酷的物理环境，还要应付复杂的内心欲望与需求。设计可以很好地满足用户在情感方面的需求。比如玩具、电子宠物、高跟鞋、iPad 等智能产品等，都在各个方面填补着人类的情感空隙（图 6-2）。

图 6-1　超越人类极限的户外装备设计，ISPO BRANDNEW 2014 年获奖作品　　　　图 6-2　概念自行车设计

　　设计的必要性与价值往往就蕴含在以上方面；但对于设计方案评价而言，我们参考的视角与标准则要具体很多。

6.1　设计评价的若干视角

　　什么是设计评价？设计评价是指对产品设计方案在创意、成本、制造、生产、营销、售后、用户反馈等方面的相关内容进行逐项评估；评估工作既可以在量产之前进行，也可以在投入市场之后进行；前者也可称为方案评价，后者也可称为设计批评。设计评价的目的是建立公平、高效、合法合理的评价机制，在合理评估与控制企业生产与运营风险的基础上，让优秀的创意与方案能够脱颖而出。

　　有关设计评价的问题一直争议很大。从产品角度来看，关系到设计的质量问题；从参与者的立场来看，关系到利益的分配问题；从设计流程来看，关系到设计的方向问题。到底什么样的设计才是好的设计？对于不同的利益共有者来说，哪些标准是共享的？

　　由于设计流程的开放性、跨学科性、多角色参与以及长时性，涉及的问题方方面面、十分复杂；要理清设计评价的视角与立场也并非易事，不同的项目特点可能会出现不同的评价侧重点。总的来说，我们可以将设计评价的角度整理为以下 4 个方面，分别是：用户体验、营销与生产、社会创新、文化价值。

6.1.1　用户体验

用户、使用者、消费者是产品——设计结果的主要使用者，也是设计师在设计初始便已确立的主要服务对象，满足其物理需求——功能以及心理需求——情感，是设计师的主要责任，也是设计的主要目的。因此，用户的体验、用户的反馈与评价是衡量设计质量、判断设计价值的首要评价指标。如果设计的产品满足了用户的需求、达到了用户期望去拥有的程度，可以说这是一个好的设计。对于用户而言，功能实用、视觉美感、交互乐趣、安全方便以及价格合理，是其考虑是否作出消费选择以及对产品作出综合评价的主要参考因素。

产品设计是为了人们的使用去创造新产品或改良产品的一种过程，其主要考虑的是功能（function）、可靠性（reliability）、可用性（usability）、外观（appearance）以及成本（cost）。[①] 对于普通的用户而言，他们看待产品的角度与设计师的专业立场不大一致，他们最关心的往往是以下问题：如何使用该产品？产品的功能具体有哪些？这个产品是否会让使用者觉得有面子或感到骄傲？该产品是否会帮助他们提高生活质量、提高工作效率、增加生活娱乐？尤其是对于当代消费者而言，针对同一种需求、同一个功能，可能有成千上万的产品供其选择。因此，产品功能的完备性是所有产品设计的最基本的要求，但并不是促成消费选择的充分条件。消费者看重的是产品带来的非物质影响，比如体验、服务、身份、面子、情感、记忆、故事等。同样是一杯咖啡，麦当劳的美式咖啡可能是套餐免费赠饮，美国的星巴克或英国的咖世家（Costa）的美式咖啡售价在 20 元人民币左右。用户愿意花 20 元人民币买一杯在家就能自己冲制、在麦当劳吃套餐就能获得赠饮的咖啡，美味的咖啡并非首要或唯一原因，星巴克与咖世家提供的空间氛围、服务水准以及整体体验才是导致消费的关键所在（图 6-3）。

图 6-3　Costa 咖啡厅与 Starbuck 咖啡厅视觉范围与体验消费

用户体验，看似一个比较抽象的概念，具体而言主要包括以下四个方面：首先是产品外观给用户的综合感觉，包括造型、色彩、材质、做工等；其次是产品对于用户生活质量的改善，包括审美体验、社会身份、社交质量、交互乐趣等情感因素；再次是心理量度，产品形成的消费心理以及感受，产品的购买、使用、服务、售后等，是否让用户感到值得与满意；最后也是最基本的一点，产品功能是否高效与方便、是否能够达到预期效果。以用户体验为中心的设计评价，可以从以上四个方面对设计

① CUSHMAN W, ROSENBERG D J. Human factors in product design[M]. New York：Elsevier Science Publishers,1991.

方案与产品进行衡量与比较。

再回到产品本身来看用户体验，不论用户体验说得多么的抽象或美好，终归需要借助于产品的各种属性来实现。产品的属性经由人的五感感觉建立起综合认知，才能形成整体的印象。视觉、听觉、触觉、味觉、嗅觉都是用户用来感觉、理解、把握、使用产品的渠道，因此产品属性也应该针对每一种感觉通道作出相应的回应。相对于调动单一感官的产品而言，能够调动一种以上感官的产品往往能够建立起更为丰富、完整的用户体验。比如通过不同的气味配合不同的声音来唤醒"懒虫"的闹钟（图6-4）；比如日本西部山口县的梅田医院的视觉指示系统，通过温暖亲切的棉布质感来取代冰冷的塑料或金属材质，将柔和、宜人、温馨的感觉通过布的触感以及白色的视觉感受结合在一起，取得了很好的效果（图6-5）。由日本设计师吉冈德仁设计的椅子"瀑布"激活了用户的感官感受，让每个人看到它的人都想去触碰它，想去抚摸、想去感受，就像外出郊游的时候，看到清澈的溪流总是会情不自禁用手去触碰一下水面、与它玩耍（图6-6）。

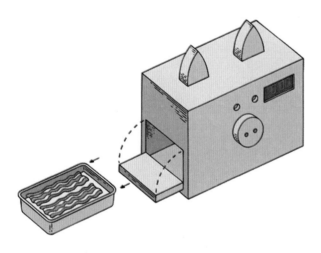

图6-4 培根烘焙闹钟概念设计

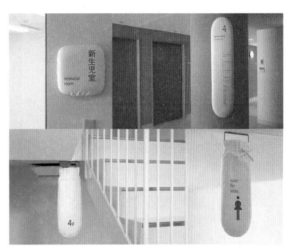

图6-5 日本梅西医院视觉指示系统设计

图6-6 吉冈德仁设计的瀑布椅

研究用户具体，甚至琐碎的日常体验以及生活语境，让设计作为触发器，解决用户需求，获得良好的服务体验——以用户体验为导向的设计评价方法，是站在用户的立场与角度看问题，而不是优先考虑市场、企业，或者系统的要求。设计师在复杂的环境中考察用户，并兼顾企业与市场的诉求特点，了解双方的要求之后，提供可以最大程度满足双方需求的适宜方案。

6.1.2 营销与生产

在商业社会，任何一个产品的设计与研发都是一项"真金白银"的商业活动，消费者的接受程度、市场的反馈将直接关系到投资者的利益（图6-7表明了设计、技术与市场营销三者之间的复杂关系）。

对于投资者、开发者以及客户而言，每一项成功的产品，除了服务用户、回馈社会之外，主要目的是创造利润。何谓投资者、开发者或客户呢？即以佣金、基金或其他方式支持、推动设计项目实现的群体或个人。他们负责传达战略愿景以及思想原则，在经济利益与道德伦理两个方面具有决定权。

对于设计师而言，必须协调消费者与投资者的矛盾与需求，兼顾双方的利益要求。投资者对于产品设计的诉求不外乎生产成本可控、技术难度可实现、制造要求适当、物流仓储便利等。如果说，用户的需求是花一定的钱购买最大化的产品服务；那么，投资者的要求是在预算可行的前提下，实现产品的最佳品质，即希望花最小的成本获取最大的商业利润。从本质上

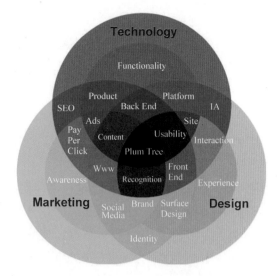

图 6-7　设计、技术与营销的关系

说，这两者是相互矛盾的，但通过设计师的协调与转化，可以实现两者的双赢。一方面为消费者提供优质的产品体验，一方面为投资者获取可观的利润。iPhone 5S 的生产成本在 199 至 218 美元之间，其 560 美元的售价中有 360 美元的利润都进入了苹果公司的"腰包"。即使除去广告、运输、研发、生产等成本，苹果公司的利润也高得惊人，一度成为全球市值最高的公司。

从投资者的立场来看，市场营销以及生产制造是其最看重的两个方面，也是设计评价的重要组成部分。

1. 市场营销

设计与商业各属不同的文化，对于成功的定义、对于意义的界定都不相同；然而，在创意产业的跨界合作中，两者的文化碰撞必须协调才能发挥最大效应。设计师首先要了解商业标准、管理过程以及企业运作方式等。为了获益，企业往往会针对一个市场缺口进行产品设计；在进入市场之前，企业会委托设计公司进行用户调研、市场情报研究等，分析市场趋势、消费者需求，以及同行竞争力等。在设计评价阶段，企业要根据方案确定接下来的分配计划以及市场营销组合计划，包括产品卖点、地点、促销手段、价格定位等。只有结合产品方案，并综合考虑以上要素，才有可能尽可能准确地预测新产品的成功率。

一旦企业定义了市场缺口与服务方向，并决定生产某种产品，设计师就会按照企业的需求、预期以及品牌定位，为其赋予形式，包括具体的功能实现、造型、色彩、材质、工艺、结构、包装、服务、交互体验等。当然，以市场为导向的设计评价方法也需要参照用户需求来决定具体的产品设计策略，因此说到底，用户需求及其体验质感仍然是设计创新以及服务设计的促进力。

营销的主要目的便是以好的产品去吸引用户作出消费选择。这里的"好"，除了产品本身的质量以外，还在于与产品相关的各个要素。从当代消费社会的文化形态来看，单一的质量标准已经不足以吸引到挑剔的用户了。因此，市场营销的难度也逐渐加大。市场营销需要贯彻系统设计的原则来"笼络"消费者。我们知道，产品存在于服务、品牌、文化以及竞争的复杂环境中。大多数企业已经意识到，以日常生活为语境的战略性产品设计可能会衍生出更多富有想象力、集成性以及人性化的产品。因此，系统化的思维是通过整体规划，使设计流程中的各个要素整合为整体，以有序、连贯、有效的方式推广产品、服务以及经验。在所有用户与产品的"接触点"进行系统

设计与统筹规划。品牌传递的核心理念包括四点，分别是产品、环境、沟通以及行为。在以上四个方面的接触与交互中，用户对产品的品牌意识逐渐形成。采取连贯、流畅、统一的接触点设计，能够保证用户获取完整的品牌体验。服务便是接触点流畅体验的表现之一，也是用户对于产品的直接感知体验。

图 6-8 所示为一款针对餐厅、咖啡厅、酒吧等小额付款的服务场所推出的一美元小费刷卡机。在国外就餐，餐厅服务员的基本工资有限，一方面为了节约人力成本，另一方面为了提升服务品质，服务员的收入大部分依靠客人的小费。由于信用卡的普及，越来越多的客人选择以信用卡结账代替现金支付；现金支付可以很方便地多给几美金作为小费答谢，但以信用卡结账时，另外支付小费的"友好感觉"便不再明显，而且需要手写金额作为额外的小费，比较麻烦；逐渐地，越来越多的客户不再愿意支付小费。这款刷卡机在结账之后，只需简单插卡一次就能快捷支付 1 美元小费的产品很好地解决了以上问题。"插一次卡"的行为与之前"丢一次硬币给小费"的行为在体验上比较接近，方便、简单且友好，外观上也符合餐厅等服务场所的感觉，给用户提供了一种完整流畅的消费体验。

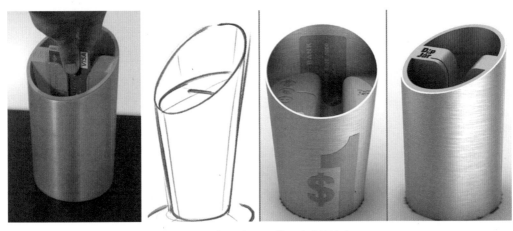

图 6-8 餐厅专用 1 美元小费刷卡机

2. 生产制造

现代设计的诞生标志之一就是分工合作以及生产标准化。美国人亨利·福特（Henry Ford）1903年成立福特汽车厂，创造性地推出大规模流水线生产模式，创造了空前的生产效率，极大地降低了生产成本，为汽车成为美国家庭的必需品作出了历史贡献，甚至被命名为"福特主义"（Fordsim）。它包括大零件组装的规格化、劳动流程的标准化以及生产线的科学管理。福特主义为美国成为世界头号经济强国奠定了强大的工业生产力基础。

在工业自动化年代，产品装配自动化一直是薄弱环节，也是生产率的最大瓶颈。为了降低装配所需资源、控制成本、增加利润，以装配为导向的设计方法（design for assembly，DFA）已成为现代产品设计的新方向。通过产品装配过程与方法的设计实现经济可行的生产方式、易于安装、易于固定，以及最少的装配操作（图 6-9）。

经济可行的生产方式：一般而言，零件的数量是装备时间与难度的主要成因，因此越少的零件往往意味着装配成本的降低。根据 DFA 的原则，除了以下三种情况，所有的零件最好一次成型，才能降低装配以及生产成本。第一，零件为不同材料，比如熨斗，金属板必须传热，而手把必须绝缘，因此是两个独立生产的零件；第二，零件之间具有相对运动，比如车轮，车轮需要转动，而车身保持静止；第三，零件形状不可能一次成型，比如某些复杂的镂空零件，比如用两个或以上零件才能装配。

易于安装：产品的零件组成需考虑零件尺寸、零件的对称性、零件质量、零件厚度、双手操作还是单手操作、零件之间的相对关系与位置。

易于固定：在装配阶段，零件之间的相互作用、间隙、配合的区域长度等都会影响装配的阻力与难度，所以配合区域应该越短越好。另外，加入零件倒角设计可以减少装配时间；为了方便

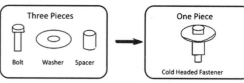

图 6-9　以装配为导向的设计

插入，零件需要导向头或凹边能使其在装配时具有中心特征，不至于产生安装方向的误导。

最少装配操作：在允许的前提下，产品设计应尽量保证产品配件与零件在同一方位装配，减少工人不断变换产品方向进行安装的情况，缩短装配时间。结构设计时也应该以尽量简化装配操作为目标。

以生产的观点来看，除了以装配为中心的设计方法之外，投资者对于利润的关心也可以转化为以下几个方面。

（1）简化生产程序：降低制造难度，减少零件数量与种类，节省材料，简化工艺，降低人工成本。

（2）把握发展趋势：以动态眼光预测技术的发展方向，运用新兴技术到产品开发与制造环节，提供新的用途、创造新的生产程序来提升工艺水准，从而创造新的市场。

（3）优化品质管理：良好的产品品质有助于产品品牌的树立，生产中应采用优化的流程与成熟的技术，降低产品不良率，提升整体品质。

6.1.3　社会创新设计

在物质消费时代，一切事物都必须经过设计，因此设计成为人类塑造工具及环境、提高生活水准的重要工具。设计与社会的关系十分密切，丝丝入扣，一方面体现在社会关怀的伦理道德，另一方面体现在设计对环境的可持续性发展的影响。

设计师不仅负担了对用户、对客户的责任，同时也肩负着对社会、对环境的责任。设计者创造的任何产品，一旦大量投产进入市场成为商品，被消费者购买之后成为日常生活的物品，那么这件物品直到被垃圾回收厂处理之前，一直对这个社会与环境产生着不可逆转的影响。因此设计师的每一次创造与制造，务必要经过社会与环境维度的设计评价。

社会创新设计（social innovation design，SID）是指利用设计的生产力，将对普罗大众的社会学关怀，以产品、服务、系统等形式实现。社会学研究社会群体组织和社会结构问题，社会的平等与正义是社会学的核心诉求。社会创新设计以满足基本需求为前提，在公平与效益的平衡之间，为社会大众提供高质量的产品服务。利益、欲望并不是 SID 的主要诉求，正如美国设计伦理领域著名学者维克多·帕帕奈克（Victor Papanek）《为真实世界的设计》（*Design for the Real World*，1971）中的观点，设计理应为社会上 90% 的民众提供基本的、有尊严的生活方式。台湾设计师谢英俊在地震、水灾等严重受灾地区，为民众设计能够 DIY 的建筑，在有限的资源条件下，实现基本的安身立命之所，因此被国际组织授予"公共利益设计全球 100 个人物"称号。

伦敦设计周 2013 年的主题是"Design is Everywhere"（设计无处不在），这一主题实际上也道出

了设计对社会、对环境的持续干预力。国外设计师在这一方面做得尤其出众，比如针对落后国家与缺水地区民众设计的、解决饮用水清洁与卫生问题的"生命吸管"，解决战争地区地雷残留问题的"地雷引爆器"，借鉴照相机防震原理、解决帕金森病患者自行解决饮食的"防震汤匙"等（图6-10、图6-11）。一个产品的设计、一个设计的价值，绝不仅仅在于它的功能、造型、美感，而在于它能解决实际的问题，尤其是帮助弱势群体重拾生活尊严、改善生活质量的大问题。所谓设计的社会学意义，便是以设计作为契机，为世界上90%以上的普罗大众进行设计。英国在公共服务设计领域是先行者，医疗照顾、临终关怀、双职工家庭的托儿服务、公众投票体验、公共交通服务的视觉引导标识系统等，都属于设计导入公共政策、设计影响社会的案例。

图6-10 "生命吸管"与"地雷引爆器"设计

图6-11 为无家可归的流浪者设计的临时房屋

随着设计对公共空间、对市民社会的影响力日益剧增，越来越多的政府部门，如交通、社会保障、医疗卫生等部门，意识到设计的价值，也越来越依赖专业设计咨询公司的专业能力。比如针对流动摊贩的零售车设计、针对清洁人员的清扫工具（扫把、拖车、垃圾桶、消毒液、抹布等）设计、城市步行与骑行专用道设计、盲人电梯设计、博物馆自助服务设计、PM2.5一次性口罩设计、地铁口自动手部消毒机设计等。

设计与社会学的结合,有利于系统设计思维的执行。从问题整体框架入手,解剖复杂问题的结构,从系统源头思考解决方案,而不是针对某一个产品或每一个个体。社会创新设计试图以各种新的策略、构思与想法,结合不同的媒介、技术,尤其是设计方法来解决社会遭遇到的主要问题与困境;与用户研究类似,SID 从察觉社会现象开始,探索挖掘出值得去解决的设计问题,继而从关键点着手,提供设计方案,试图从根本上改善日益复杂、恶化的社会问题。从设计解决社会问题,不仅能有效地提供实际的方案、满足个体需求,同时也能为社会的完善与发展给出思路与方向。

可持续设计、绿色设计、生态设计等概念都是当代设计思潮的主流方向,反映了人类对于设计与环境影响力的严肃思考。自从 18 世纪后期工业革命开始,人类不断开发自然资源、大量生产工业化产品,以改善人类的生活质量,直至发展出为欲望而设计的消费主义态度。今天,人类逐渐意识到过度开发对自然与生态造成的严重破坏已经开始影响到正常的人类生活。为了让人类及其后代能够在地球可持续地生存,制造更多耐用、环保、可循环利用、对环境无害的产品不仅是对自然生态的保护与尊重,也是对人类生存环境的维护。设计上也因此掀起一股"可持续设计 (sustainable design)"的热潮。产品在生产制造环节尽量使用回收改造过的材料、延长产品使用寿命、使用时以及使用后材料可实现回收利用且对环境不会造成污染等,这些与环保相关的议题也是设计评价应该考虑的重要方面(图 6-12)。

图 6-12 可持续设计:旧物改造再设计

6.1.4 文化价值

在人类设计史的认知范围里,人类所有造物活动及其产物等同于设计,因此设计的文化属性毋庸置疑。设计文化属性,既是一个文化学问题,也是一个人类学问题。设计文化之"文化"并非空洞的标签,而是设计师融会贯通本土与国际、传统与创新等二元关系之后的创造性智慧。

设计之于民族的集体认同,认同于设计的文化身份。在全球化的语境里,"中国设计"、"中式设计"、"中国元素"、"中国原创"等标签层出不穷,一方面反映出学术界对于设计文化独特性价值的逐渐重视,另一方面也反映出设计对于文化认同的重要意义。

我们经常说到设计的独创性、创新性,实际上说的就是设计的民族性与文化属性。这种属性在各个民族文化的横向对比时能够看得更加真切。一把出自无名工匠的明代圈椅与一把由芬兰设计师汉斯·瓦格纳(Hans Wegner)设计的中国椅,即使在形式上形似且神似,但所描述的文化属性与民族身份内涵却是截然不同的(图6-13)。

图6-13 汉斯·瓦格纳设计的中国椅

从设计的目的性来看,设计的首要目的是实用,满足用户的基本需求是首要问题;然而,正如前文所说,功能的实现已经无法满足日新月异的市场变化与多样化的用户需求了。越是满足精神诉求、民族情感记忆的设计,越是能彰显出一个民族文化和民族身份的独特。为什么2008年奥运会开幕式要运用竹简、丝绸之路、四大发明、书法等典型的中华文化符号?因为这些能够表达中华民族独特文化身份的符号,才能准确地定义北京奥运会在美学与文化层面的独特性。

作为判断产品价值的设计评价活动,必然要考虑到文化价值的问题。尤其是针对特殊地域的用户进行设计服务时,设计师要尊重、了解当地的文化与传统,不能一味照搬西方现代设计的原则与标准。这一点也符合设计为社会90%公众服务的普世理想。

6.2 设计评价的维度

设计评价本身是一种理性的活动,而用户体验等设计认知又非常地感性与个人化;因此,当理性的判断与感性的认知达成一致时,可以说这就是一个好的设计。英国设计研究者布鲁斯·阿切尔(Bruce Archer)教授于1974年提出:"好的设计是整体性的设计,对所有直接或间接接触它的人,都能提升包含所有功能、文化、社会、经济等利益,并且竭尽人类的创造力来使其达到最佳的状况。这样的德行不能被浓缩成一种合适的经验法则。它是人类交流的一个要素,而且只有在具有共同的论点下才能被评估。"

设计师的工作事无巨细,所关切的方面非常广泛,归纳起来大致有如下几项,分别是功能(functionality)、观念(philosophy)、生态(ecology)、经济(economy)、策略(strategy)、社会(society)等。在大千世界里,设计扮演着转化与沟通的媒介,它是链接各个端口与领域的重要中介。例如在功能的要项中,问题通过设计而得到解答、科学通过设计而获得创新、人体通过设计以科学的方式解决

问题 (人机工程学)。同样，在观念、生态、经济、策略、社会上也可通过设计而得到相应的结果。

这几个要点也可以作为设计评价的参考依据。一个产品设计方案，在功能、观念、生态、经济、策略以及社会等 6 个方面扮演了什么样的角色、发挥了多大的作用，是衡量方案价值的重要标准（表 6-1）。

表 6-1　设计评价的 6 大要点

要　点	输　入	中　介	输　出
功能 （funcationality）	问题	设计 （design）	解决
	科学		创新
	身体		人机工程学
观念 （philosophy）	艺术	设计 （design）	创造
	时代精神		风格
	心灵		情感
生态 （ecology）	资源	设计 （design）	生产
	消耗		循环再利用
	自然		和谐
经济 （economy）	营销	设计 （design）	适当的目标
	团队		特殊性
	地球村		整合
策略 （strategy）	研究	设计 （design）	计划
	概念		生产系统
	实施		意外的收益
社会 （society）	人类	设计 （design）	用户
	媒体		资讯
	政治		和平

6.2.1　何谓好设计

设计评价的目的是结合理性评价与感性认知，从众多设计方案中选出较好的方案，最终发展成为产品。什么是好设计呢？这个问题与"设计的定义是什么"类似，也是设计学的原问题之一，100个人心目中可能存在 101 种答案。

无论我们对好设计的定义如何，都会认同这样的看法，即好设计拥有吸引力，不论是情感的吸引、外形的吸引，还是功能的吸引，抑或是虚荣的吸引。设计师米奇·考波尔曾经说过，设计师的社会价值在于他们能够提供人们想要的某些东西。对于用户与投资者而言，他们都愿意为好设计支付更多的溢价。消费者愿意花 5000 多人民币去升级手中的 iPhone 手机，尽管手头的旧 iPhone 还能照常打电话、上网、拍照，也尽管同样功能、相似造型，甚至连交互体验也相差不多的最新小米手机售价才 2000 元左右。越来越多的公司也愿意在其财务预算中增加设计费用的投入，聘请专业设计咨询团队，尤其是国外经验丰富的各大设计公司，包括 Frog 设计、Continuum 设计、IDEO 设计、Ziba 设计、Smart 设计、NPK 设计等。

2012 年，《第一财经周刊》邀请各个领域的设计师每人提交两件他们认为是好设计的作品，共80 件作品；然后邀请设计相关企业的高管担任最终评选，从中选出 3 个最佳设计。另一方面，同时邀请新浪微博网友一起参与评选，最后网友的选择与管理层评委的选择重合，都选出了 Wacom

Inkling（见本书第 5 章）——不用再在草稿纸与计算机软件之间来回切换，将笔迹同步转换成数字信号，既保留了纸上作画的真实触感，也利用了数字化渲染技术的高效与效果。

好设计是简单的设计。17 世纪和 20 世纪的两位科学天才人物牛顿和爱因斯坦都表示，唯有答案简单，才可能近乎正确。古希腊人认为宇宙的终极秘密隐藏在几何学里，复杂多样的世界都应该可以用简单的原理来解释。现代主义的"少即多"的教条到今天亦成为早已审美疲劳的消费者所拥护的设计原则之一。好设计的简单不是简陋，是做到恰如其分，做到增一分则腻，减一分则损。

好设计具有启发性，能够邀请用户参与来创造无限的可能性。乐高玩具就是这一原则的典型表现。

好设计是关怀弱势群体的设计。对老年人、婴幼儿、残疾人、病患、左撇子等人群需求的捕捉与满足，往往容易造就好设计。

好设计激活多种感官通道。设计师伊夫·贝阿尔曾经说过："如果设计师可以让人想摸摸你的产品，那么说明设计已经成功了一半。"设计师往往只重视视觉的表达，比如造型、色彩等，如果能重视触觉、味觉、嗅觉、听觉等其他感觉通道，设计的质感会更为丰富。

好设计是没有背面的设计。芬兰设计师汉斯·瓦格纳认为好设计无所谓背面正面；乔布斯对苹果产品设计质量的严苛程度世人皆知，他要求所有的产品没有所谓的"背面"；即要求背面跟产品的正面一样，从造型、工艺、结构、色彩等各个方面也要做到精益求精。

好设计符合潜意识。日本设计师深泽直人是挖掘用户潜意识习惯与心理微特征的高手，他为无印良品设计的壁挂 CD 播放机，如同挂在墙上的老式排风扇，只需拉一下底座下悬挂的拉绳，CD 机便会转动起来，播放出悠扬的音乐（图 6-14）。这个产品一经推出便成为无印良品的经典符号，它的出众在于，不用说明书，消费者看到它就知道该如何使用。这种潜意识的"直觉"来自于儿时对老式风扇或电灯的使用记忆。乐高玩具也是如此，一面凸凹一面光滑，不需要特别的说明，人们就会知道镶嵌的方式与玩法（图 6-15）。

图 6-14　MUJI CD 播放机　　　　　　　图 6-15　乐高玩具与 OXO 削皮器

好设计是材料、形式、功能、结构等要素的完美统一。Macbook Pro 的一体成型工艺，利用了铝材的特性，减少了零件数量，增加了产品的形式美感，并对功能进行优化重组。

6.2.2　易用性

什么是易用性（usability，也被译为"可用性"）？通俗地讲，容易发现（easy to discover）功能的操作部分、对新用户而言容易学习（easy to learn）、使用起来便利高效（easy to use）三个方面描述了易用性的具体内容。易用性主要包括三个原理：易见性（visibility）、映射性（mapping）、反馈性（feedback）。从认知心理学角度，易用性指的是产品对用户来说意味着易于学习、容易上手、记忆负担较轻，以及使用体验较好。美国认知心理学家唐纳德·诺曼（Donald Norman）在《日常事物的设计》（*The Design of Everyday Things*，国内译本翻译为《设计心理学》）中将易用性作为区分交互体验良莠的重要指标。从人机工程学的角度来看，易用性指的是产品拥有适合的体量与比例、触感良好的材质、赏心悦目的颜色、吸引人心的造型，以及使用方便的功能等。

易用性也是一种以用户为中心的设计方法和原则，以用户的习惯、需求、行为特点为重点提供产品服务。易用性专家尼尔森（Jakob Nielsen）与计算机教授施奈德曼（Ben Shneiderman）以系统的可接受度（acceptability）作为框架，指出易用性是"有用"（usefulness）的一部分，而且包含下列要素：可学习性(learnability)、效率(efficiency)、可记忆性（memorability）、很少出现严重错误(errors)，以及满意度(satisfaction)。

设计师在考虑产品易用性时，需要回答以下问题：谁是产品的使用者、他们知道什么、他们能够学习到什么？用户需要什么、想要什么？用户一般会在怎样的环境中使用产品？产品能够解决哪些问题？

方便病患使用的餐具、容易拔插的插头、容易抓握的奶瓶、方便残障人士使用的卫浴设施等，都体现了设计师在易用性方面的奇思妙想，目的是希望用户在使用时能够更加方便、省力、一看就会、方便维护等（图6-16）。

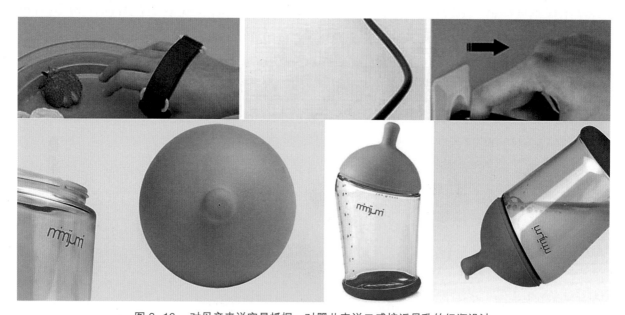

图6-16　对母亲来说容易抓握、对婴儿来说口感接近母乳的奶瓶设计

6.2.3　可感与可供性

日常生活中，我们经常会经历以下的场景：伸手到随身携带的书包里找手机，翻来翻去都找不到，尤其是着急的时候，似乎比大海捞针还困难，直到你"摸到"一块切面分明的东西；走到图书馆门口，光洁的玻璃幕墙让你"不经意"停下脚步，照了照镜子；下雨的日子，收起雨伞走到室内，发现没有集中收纳雨伞的地方，"随手"将雨伞靠在了墙边；在郊外步行了很久，看到一块平坦的石头，"想都

没想"就坐了下来；一块手表，没有数字作为刻度，但你还是"轻易"地认出了时间；在篮球场看同学打球，手里的饮料喝完了，周围没有垃圾桶，"顺手"就将饮料瓶搁在了栏杆的把手上。相信每个人都会经历很多类似的瞬间，似乎太简单太自然，以至于我们很少注意到这些平常现象背后的含义。

这些现象说明了人们很多时候是在无意识的状态下做出动作的，这些"引诱"用户下意识做出行动的事物（或称为"设计"），都具有一种属性——以心理学术语来说——可供性（affordance）。可供性（也有翻译为示能性）是詹姆斯·吉布森（James J. Gibson）造出来的一个词，吉布森是20世纪最重要的认知心理学家之一，他基于生态学的视知觉理论以及直接知觉理论为认知心理学开辟了新的领地。affordance 是 afford（提供、给予、承担）的名词形式。吉布森用 affordance 这一概念来说明环境给动物可提供的各种属性：如果一块表面是水平的而不是倾斜的、近乎平滑的而不是凸起或凹陷的、相对于动物尺寸是充分延伸的、相对于动物自身重量而言表面质地是坚硬的，那么我们便可称为基底、场地或地面——站上去的、可让动物保持竖直姿势、可以行走和跑动的。

日本设计师深泽直人（Naoto Fukasawa）从 1998 年便开始以"不假思索"（without thought）为主题进行研究，对人们种种无意识的行为进行观察与分析，以人与物的全新关系来重新思考传统设计观念——通常而言设计以刺激人们认知并做出反馈为目的，但在深泽直人看来，太多的刺激有时候并非好事；更多时候，人和物、人与设计的关系应该更加和谐的、自然的——无意识的、潜意识的、不假思索的（图 6-17）。

这种以充分发掘事物的可供性、提高可感性与必然感的设计方法，在苹果公司的逐项设计中也得到了乔布斯与乔纳森·艾夫（John Ive）的大力贯彻，因为它与苹果公司致力于以极简、刚刚好的设计提供丰富、恰到好处的体验原则是相符的。乔布斯曾在 WWDC2007 年大会上介绍过 iPhone 革命性的用户界面，当时的 iOS 键盘一经推出便成为虚拟屏幕键盘的原型。与包括 Moto Q、BlackBerry、Palm Treo 和 Nokia E62 等在内的全键盘智能手机不同，iOS 虚拟键盘只在需要的时候出现，在不同的应用中出现差异化的键盘，输入网址时空格键就会替换成"."、".com"以及"/"等配合网址输入，使用放大镜进行光标再定位，根据常用词以及联系人等使用习惯进行自动词组匹配，根据字典自动预测下一个字母并实时改变键盘的各字母对应的触摸区域尺寸，让这些字母更容易被触发：比如输入"tim"后，"e"就比相邻的"w"和"r"的触摸区域要大，因为"time"是常用词，而没有"timw"和"timr"这两个单词（图 6-18）。

图 6-17 日本设计师深泽直人的设计作品

Default

Email

URL

Phone

图6-18　iOS 虚拟键盘设计，不同的用途不同的键盘布局

优质的用户体验的组成要素是复杂的，但总是与流畅的过程相关。iOS 虚拟键盘的设计运用了很多"下意识"、"自然而然"的操作习惯，让用户实在地体会到了手机的"智能"。

6.2.4　设计 3.0= 有意义的体验

智能手机与我们日常生活的关系越来越紧密（图6-19）。三星设计管理中心于 2011 年提出了"设计 3.0"的概念，强调产品在服务设计方面的职能。"设计 3.0"表示第三阶段的设计理念，超越第一阶段以外观为中心的设计方法，第二阶段以易用性为重点的设计原则；设计 3.0 的目的是为用户开发有意义的、全新的产品服务体验及其价值，引导一种新的、有趣的生活方式。设计 3.0 的口号是：让产品创造有意义的体验。

韩国三星手机 Galaxy S 系列是目前唯一能与苹果 iPhone 相抗衡的产品。三星设计的核心理念是将产品更多地整合到用户的日常生活之中。三星移动设计的独特设计哲学便在于开发有意义的用户体验。基于最小化的设计原则，结合三星独特的产品风格以及新技术的结构性创新等，为用户提供综合性的优质体验。不仅是指产品为消费者带去新鲜感，对于产品的使用将描绘出一幅关于人们如何生活的图画；三星当下的产品设计发展趋势已经超越了单一的产品设计，而是系统化、系列化的三星产品家族图谱；通过连续性、富有识别作用的形态语言与交互方式，为用户提供独特的、持续的、流畅的三星品牌印象，这种印象也是有意义体验的重要组成部分。我们正生活在大数据时代，用户层面也会遭遇到复杂的技术、数据、结构与用途。未来产品的发展方向，一定不是提供过载的信息或操作方式，而是为用户提供个性化的服务、功能，从而满足用户的个人需要，

图6-19　未来手机与生活的关系将
会更加紧密

并消除选择的障碍，只用沉浸在优质的用户体验之中，并构成其有意义生活的关键工具。用户不必深入思考或探究自己到底需要什么——这个问题将由设计师来解决。开发更多基于自然行为、符合潜意识感知与交互习惯的系统与流程，通过设计服务的提高，为用户的日常生活提供更多有意义的体验。

6.3 设计评价的标准

设计评价并无一致性标准。日本学者宫田武 1987 年以产品品质为主要目标，提出评价项目包括：① 功能、机能、性能；②安全可靠性；③使用性；④安全性；⑤外观；⑥成本；⑦经济性；⑧环境保护；⑨制造性；⑩开发方法与时效等。台湾外贸协会则以①创造性；②审美性；③实用性；④品质优异；⑤经济性；⑥销售能力等作为优良产品的设计标准。MicroTAC 的工业设计评估则区分为①使用者界面的品质；②感性诉求；③产品的保护与维修性；④使用资源的适切性；⑤产品区隔 5 类指标。

综上所述，绝大部分的设计评价标准基本类似，可以粗略分为设计属性类、生产管理属性类、市场营销属性类、用户属性类、社会环境属性类等五大类设计评价标准，如表 6-2 所示。

表 6-2 设计评价标准

设计属性	生产管理属性	市场营销属性	用户体验	社会环境属性
功能、性能	产品系列开发	产品定位与差异	生活方式契合度	文化独特性
造型美感	产品开发时效性	市场策略与目标消费群体	时尚流行趋势	材料可回收、多用途、重复使用
原创性	产品可生产性	产品生命周期	个人兴趣与品位	包装适当
易用性	产品链条流畅度	价格与成本	产品舒适度	为 90% 人群服务
耐久性与安全性	工艺、技术难度	附加值	流畅操控感	提供有尊严的生活质量

国际顶级设计奖项是考察设计评价标准的最佳舞台。这里将为大家介绍四个国际设计大奖的评分标准，作为日常设计评价的启发（图 6-20）。

图 6-20 四大国际设计奖项

6.3.1 iF 设计奖

iF 设计奖（iF International Forum Design，http：//www.ifdesign.de/）已被公认为全世界最重要的设计奖项之一，也被视为设计行业的"奥斯卡奖"，自 1953 年开办至今，历史悠久。近年来每年都会吸引来自近 50 个国家与地区的约 5000 多项作品参赛。每届 iF 奖项都会由国际知名设计师组成的评审委员会严格评选，以保证 iF 奖项的含金量以及对设计行业的指导意义。iF 奖项共分为 6 项，分别是 iF 产品设计奖 (iF Product Design Award)、iF 视觉设计奖 (iF Communication Design Award)、iF 材料设计奖 (iF Material Award)、iF 包装设计奖 (iF Packing Design Award)、iF 概念设计奖 (iF Concept Award)，以及 iF 中国设计奖 (iF Design Award China，针对中国设计师及其作品的专项奖)。iF 产品设计奖的竞争难度最大，含金量也最高，只要是制造商或设计师大批量生产的产品，且上市时间未满三年者，以及竞赛当年才进入生产阶段的产品，皆可参加当年的 iF 产品设计奖竞赛单元。大赛组委会要求，所有缴交作品皆须为产品原型。共有 25 位全球享誉的专业评审，包括设计师、企业家等，经过严苛、激烈、深入的讨论及辩论，最终投票选出获奖作品（图 6-21）。

图 6-21　iF 设计奖 2013 年产品设计类金奖——自行车挡泥板

产品设计奖具体包括以下竞赛分类：交通设计、休闲与生活、音响及影像、电信类、计算机类、办公与商业、照明、家具与家饰织品、厨房与家电用品、卫浴用品与健康、公共设计与室内设计、医学 / 健康与看护、产业与技术手工艺、特殊运具 / 营造 / 农业等。

来自世界各地的 50 名业内专家汇聚一堂，组成 iF 各奖项的独立评审团。评审团在 3 天的闭门会议里，将对所有作品进行观看、审度、探讨、试验以及分析；最重要的是，依据以下 11 条标准严格深入地讨论每一个参赛作品。

（1）设计品质（design quality）；

（2）完成度（finish）；

（3）使用材质（choice of materials）；

（4）创新度（degree of innovation）；

（5）环境影响力（environmental impact）；

（6）功能（functionality）；

（7）人机工学（ergonomics）；

（8）功能用途的视觉语义（visualization of intended use / intuitiveness）；

（9）安全性（safety）；

（10）品牌价值与品牌塑造（brand value + branding）；

（11）通用设计（universal design）。

6.3.2 Red Dot 设计奖

红点设计奖（RedDot Design Award，http：//en.red-dot.org/）1955 年由德国设计师协会设立，分为三类奖项，分别是产品设计奖、视觉传达设计奖，以及概念设计奖。红点设计奖的专家评审遵照一套严格并与时俱进的评审机制，从形式、技术、制造、社会、产业以及生态等要素进行考量（图 6-22）。以下评分准则为评委提供一套指导框架，具体操作与权重分配则由评委自己决定。

创新程度（degree of innovation）——产品本身是否是全新的或对现有产品提供了新鲜的、理想的质量改善？

功能（functionality）——该产品是否符合组装、可用性、安全性以及维护维修的所有要求？对于产品功能的解释是否通俗易懂？

形式质感（formal quality）——产品的形式构成是否符合一致性与逻辑性？形式与功能的关系如何？

人机工学（ergonomics）——产品与身体或心理的配合程度如何？

耐久性（durability）——产品的材料、形式以及非物质价值是否能维持较长的生命周期？

图 6-22 红点设计奖 2013 年获奖作品

象征性与情感性（symbolic and emotional content）——在实际用途之外，产品是否能为用户提供在感官质感、趣味性以及情感依附等方面的价值？

产品周边（product periphery）——产品与周边环境的兼容性，是否能作为单元纳入更大的系统？包装与报废问题解决得如何？

语义性（self-explanatory quality）——在阅读手册之前，产品本身是否能传达其功能、目的、用途、以及操作方法？产品形态的语义性是否突出？

生态兼容性（ecological compatibility）——对于产品的可用性而言，材料、材料成本、制造工艺以及能源消费等投入的比例是否合适？产品的废弃以及可回收问题是否得到了适当的考虑与解决？

6.3.3 IDEA

IDEA 的全称为"美国杰出工业设计奖"（Industrial Design Excellence Award），1980 年由美国工业设计协会（Industrial Designers Society of America，IDSA）和美国《商业周刊》（*Business Week*）共同举办。

IDEA 设计奖的竞赛目标不仅在于提升用户的生活品质，同时也以增进经济效益为目的，体现了典型的美国设计原则；评选标准主要集中在"产品市场价值"与"人性化"两个方面，因此历年获奖产品在对经济、社会、自然生态带来益处，以及人机工学与易用性等几个方面做得尤其出众。另外，IDEA 奖特别重视设计的创新性，并体现出浓厚的人文关怀，也被视为难度最大的设计比赛之一（图 6-23）。

图6-23　IDEA2014获奖作品，苏打调味盖 Soda Caps

具体评分标准如下：

创新性（设计、体验和工艺）——用户受益程度，包括产品性能、舒适度、安全性、使用便利性、可用性、界面设计、人机互动性、功能适用性、便捷性、生活质量以及价格适中等角度考量。

责任性——有益于社会、环境、文化以及经济，使更多人受益，提高低收入人群的受教育水平并满足其基本需求，减少疾病、提高竞争力、增加财富、改善生活水准、支持文化多样性、提高能源效应、产品耐用性、强调产品生命周期及其对环境的影响、全产业链使用对环境负面影响较小的材料与工艺，重点设计可维修、可重复使用以及可回收的产品，减少材料使用、降低浪费。

客户收益程度——包括盈利性、对销售额的促进作用、品牌塑造力、员工激励等。

视觉吸引力与适当的美感——形态、比例、尺度、结构、色彩、质感等。

设计研究——考虑产品可用性、情感因素，以及那些尚未被满足的需求，产品设计的前沿性。

设计策略——注重产品内部因素与方法、策略价值以及可实施性。

6.3.4　G-Mark 设计奖

G-Mark 设 计 奖（Good Design Award，http: //www.g-mark.org）由 日 本 设 计 促 进 协 会（Japan Institute of Design Promotion，JDP）负责评价与评选，此奖来自1957年优秀设计产品优选系统的标志。当前，G标志已成为日常用品优良品质的保证，为世人所熟知。G-Mark 设计奖评委会每年收到来自1000 多个设计公司或个人的超过 3000 份申请作品，旨在促进设计产业的良性发展、打造优质生活、通过设计来丰富社会生活（图 6-24）。G-Mark 评审机制主要参考以下方面。

图6-24　2013 年 G-Mark 设计奖作品，折叠安全帽

人性（humanity）——能鼓舞人心并将概念具体化的产品；

真诚（jonesty）——对当今社会与时代的准确察觉；

创新（innovation）——引领未来的概念创意；

美学（aesthetics）——为生活方式及其文化的富足提供想象力；

伦理（ethics）——反思审慎社会与环境。

6.4　感性工学评估法

"感性"一词出现的频率极高，既包含静止的状态又代表了动态的过程。静态的"感性"是指用户对产品的感情、印象；动态的"感性"是指用户的认知活动，对产品的感受过程。感性工学是感性与工学相结合的研究方法，主要通过分析人的感性反馈来设计产品，属于工学的一个新分支领域，即通过把握使用者的感官感受（主要是五感，形、色、味、声、触），设计出让消费者喜欢的产品。

感性工学（Kansei Engineering）以用户的认知心理与情感反馈作为基础，研究人的感性因素与产品的物理属性之间的关系。20世纪90年代是日本产业界和学术界致力发展感性工学的时代，当时众多企业、高校和研究所都加入了感性工学方法的研究以及实践应用；1987年，日本马自达汽车公司横滨研究所便率先成立了"感性工学研究室"。

感性工学的研究流程一般可分为以下4个步骤。

（1）通过调研、实验、分析等方法获得消费者对产品的感性意象与诉求；

（2）以调查或实验法确定产品设计的评估要素；

（3）利用计算机技术，比如人工智能、神经网络、通用算法、模糊逻辑等，构建感性工学计算模型；

（4）根据社会风尚或个人喜好对该感性工学系统进行实时调整。

日本著名的感性工学专家长町三生出版过多本感性工学研究的专著，他认为感性工学的方法可以分为3种：

（1）顺向性感性工学：感性信息→信息处理系统→设计要素；

（2）逆向性感性工学：感性诊断←信息处理系统←设计提案；

（3）双向混成系统：将顺向性与逆向性两种感性工学信息处理转译系统整合，形成一个可双向转译的混成系统。

感性工学借助心理学、基础医学、生物学、临床医学、运动生理学等学科基础，通过问卷调查、试验、深度访谈、眼动跟踪、机器人模拟、脑电波追踪等技术手段测量用户对产品的感性反馈，包括语言、生理反应（心率、EMG、EEG）、行为、面部表情、肢体语言等。

日本筑波大学的原田昭教授也是感性工学领域的重要专家。他曾提出："21世纪将是一个以感性科学为基础的时代，设计将与医学、心理学、身心障碍学、体育科学、经营学、信息科学、环境科学、宇宙科学、生命科学等相融合。"

6.5　语义差异法

人类总会不自觉或故意地以语言方式表达内心感受，动作、表情、手势也可以实现类似的表达效果，但语言无疑是其中最为常见的感性表达方法。通过用户的语言表达，可以掌握用户对产品的印象，这种原理及其方法在感性工学领域称为语义法。语义法通过访谈或问卷调查的方式，让被试者将对产品的感性印象用若干组形容词表达出来，因此语义法也称为形容词法。在采用语义法进行感性工学的测量时，常常采用美国心理学家奥斯古德(C harles E.Osgood) 于 1957 年提出的研究事物意象的语义差异法 (Semantic Differential,SD 法) 作为辅助工具。

语义差异法是一种评价量表，用来测量实验对象对事物、事件、概念等的内涵、意义以及态度的差别，又称为"语义分化量表"。它能够集中测量被测者所理解的某个概念、产品的含义以及基于理解的态度。针对某一对象（事物、事件或概念）设计出一系列双向、对立的形容词量表（比如现代的—古典的、复杂的—简洁的、刚性的—柔美的等），被测者根据对对象的感受与理解，在量表上选定相应的位置。语义差异法被广泛用于社会学、心理学、市场营销、文化研究、人类学等领域。语义差异法以形容词的正反意义为基础，标准的语义差异量表包含一系列形容词和它们的反义词，在每一套形容词及其反义词之间设置 7 ~ 11 个区间，通过标记的相对位置来确定人们对产品的综合态度。语义差异法以数值的形式评分，把各个尺度综合为一个分数以表明回答者总体的态度偏好。语意差别量表的主要优点是可以清楚有效地描绘形象，直观地表现产品对消费者的感性印象。

语义差异量表的简易使用步骤：①确定某一片断的维度供受访者判断；②界定两个相反的形容词代表每一维度的两极；③运用数理统计的方法进行处理、分析，做出语义差异的计分表。详细程序与方法参见图 6-25。需要注意的是，形容词对的选择应该尽可能多地收集与主题相关的形容词对，以 20 ~ 30 对比较合适。筛选形容词应注意选择那些较难形成完全相反意义的形容词、作为中心点不易对称的形容词，以及非口语化的形容词。评定尺度以 7 ~ 11 段较好，必须是奇数个。被试者的样本数量至少在 25 个以上，样本数 25 个时，误差范围在 20%；样本数在 100 个时，误差范围降至 10%；样本数在 400 个时，误差范围降至 5%；样本数在 10000 个时，误差范围可降至 1%。

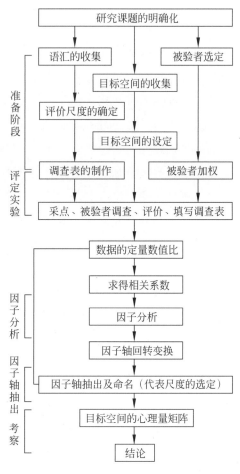

图 6-25　语义差异法（SD）一般流程

6.6　通用设计原则

通用设计（universal design）又名全民设计、全方位设计、包容性设计（inclusive design），指的是无须改良或特别的设计就能为所有人(尤其是老年人、身心残障人士、儿童等)所使用的产品与环境，强调日常生活设施与用品的使用权更应适用于生活环境中的每个人。通用设计始于 20 世纪 50 年代，那时人们已经开始注意到残障人士的问题，日本、欧洲、美国等国家的"无障碍空间设计"得到了长足的发展。20 年之后，欧洲及美国设计圈便开始采用"广泛设计"（accessible design），针对行动不便人群日常生活，尤其是空间环境等方面的需求，那时的设计重点在于用户而不在产品。通用设计与无障碍设计（barrier-free design）有何不同呢？两者目的相似，都是为了创建更方便使用的产品，两者的差异在于无障碍设计是为了"残障人士"去除障碍，是一种"减法设计方法"；通用设计则是指在产品开发阶段和评价阶段，结合绝大部分用户的使用需求，统筹考虑，综合构思，实则是一种"加法设计方法"。无障碍设计是被动式设计思维，去除人为造成的障碍因素，采取的是修补式的设计策略；通用设计则属于积极性的设计思考，属于预防式的设计战略，体现了设计的包容性及关怀性价值（图6-26 ~ 图6-28）。

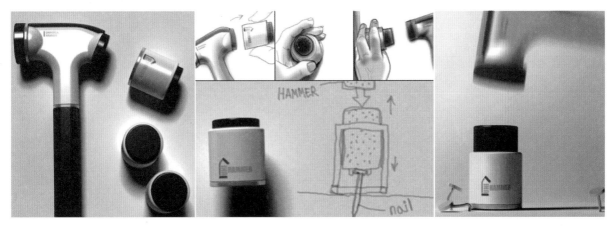

图6-26 通用设计案例：安全锤设计

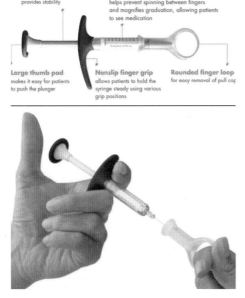

图6-27 通用设计案例：注射针管设计

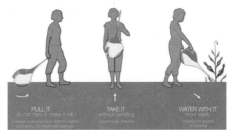

图6-28 通用设计案例：省力浇水壶

1987年，美国设计师罗纳德·麦斯（Ronald L. Mace）第一次使用"通用设计"的概念，即设计师设计、制造、生产的每件物品都能在最大的程度上被每个人使用，而不论其年龄、能力、地位等差异。20世纪90年代中期，罗纳德·麦斯与一群设计师为"通用设计"确立了7项原则（图6-29），后来经过更多学者、设计师参与，增加了3项次生原则，构成了10项"通用设计"原则。

（1）使用的公平性（equitable use）——适应更多不同类型的用户：所有用户都能使用同样的操作方法，对用户的隐私、安全性等一视同仁地无差别对待，使所有用户一看即明的设计。

（2）使用的适应性（flexibility in use）——适应不同用户的喜好与方法：所有用户都能选择不同的使用方法，同时适用于左手或右手，增加用户使用的准确性，以及考虑不同用户的使用节奏。

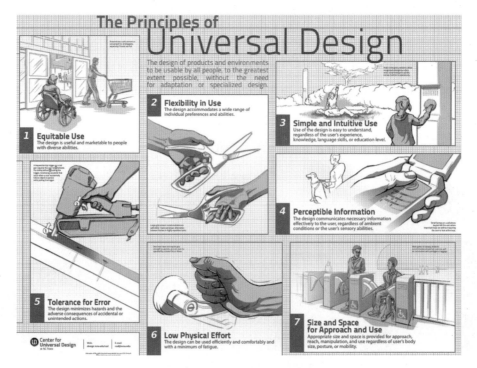

图 6-29　通用设计 7 项原则

（3）易用与直觉性使用（simple and intuitive use）——不论用户的知识、经验、背景、技能，以及语言能力或注意力如何，设计能够为所有用户容易上手且容易了解：减少产品不必要的复杂设置，符合用户心理直觉习惯，考虑到不同文化程度的用户，操作过程中提供有效反馈与提示。

（4）提供可感知信息（perceptible information）——不论周围状况、用户的感官能力如何，用户都能够有效地了解相关的设计信息：使用不同的沟通方式（视觉、听觉、触觉等）表达信息，拆解引导步骤，分段解说，针对感官障碍人士提供多样化的辅助技巧。

（5）容许出错（tolerance for error）——尽量降低因意外或注意力不集中等引起的错误，即使出错，也能尽快化解出错结果，将后果降至最低：适当安排设计元素降低出错率，出错时发出警告，提供失效保护，避免误触导致出错。

（6）省力（low physical effort）——设计应该高效、节省力气，使用时舒适度较高：使用产品时保持自然的身体姿势，使用合理的支撑力量，降低重复使用的动作，以及降低持续的生理耗能。

（7）尺寸与空间适当（size and space for approach and use）——不论使用者体型、姿势或移动性如何，都应提供适当的大小及空间供正常的操作及使用：对站着或坐着操作提示明显，所有组件既可以坐着也可以站着使用，考虑不同用户抓握能力，提供充足空间供残障人士及其辅具使用。

（8）可长久使用，具经济性。

（9）品质优良且美观。

（10）对人体及环境无害。

6.7　可用性测试与评估

可用性测试是指，让典型用户试用产品原型、进行典型操作过程，观察使用过程、了解产品易用程度以及用户对于产品的接受程度。设计师都希望自己的新产品能够很快地为用户所学习并掌握，具备更多人性化的功能及操作方法。参试者在模拟场景中根据指令来操作，设计师、工程师等产品开发人员在周围进行深度观察与记录。这样的方式有助于设计师尽早地、尽可能详细地发现问题并及时加以修正。可用性测试是"以用户为中心"设计思维的典型产物。最优秀的设计并非设计师通过逆向思考、凭空发现问题并提供方案产生的，而是通过对用户需求的深度挖掘而得到的，因此后期设计评价过程中使用可用性测试，为开发人员提供了难得的改进机会与具体信息；此外，可用性测试能够消除设计中已有问题对用户体验的减损效应，提高产品满意度（图6-30）。

	分析	设计	测试
卡片分类 Card Sorting	√	√	√
情景访谈 Contextual Interview	√		
焦点小组 Focus Group	√	√	
启发式评估 Heuristic Evaluation	√		√
单独访谈 Individual Interviews	√	√	√
平行设计 Parallel Design		√	
角色模型 Personas	√		
设计原型 Prototyping		√	√
问卷调查(在线) Surveys (Online)	√	√	√
任务分析 Task Analysis	√		
可用性测试 Usability Testing	√	√	√
案例分析 Use Cases		√	
网站文案写作 Writing for the Web		√	

来源：http://www.usability.gov/methods/index.html

图6-30 可用性测试方法

可用性测试需要首先解决以下4个问题。

（1）用户是谁——选择典型用户以及"有潜在需求的人"。

（2）如何设计任务——将产品功能按顺序排列成表格，并标出产品的核心功能，再分解出核心功能的5个最重要的模块，并依照核心功能设计出3～5个任务，供用户操作和完成。

（3）如何进行测试——提前预备详细的观察计划、步骤，观察结束及时进行定性与定量分析。观察用户使用产品时最自然、最真实的状态，尤其注意出错环节，当用户操作出错，不用着急提醒，观察用户是否能自行解决，记录下解决的方法、步骤、所耗时间等，供事后对比研究。

（4）如何分析找到可用性问题——集合所有问题，将问题分类、排序，找出首要问题，并通过回顾录像进行问题重组，与结构工程师、市场营销专员、客户代表一起讨论方案，提出改进意见。

尽管可用性测试为多数设计公司、互联网企业所采用，但毕竟是在人为虚拟环境下进行的测试，仍然存在以下局限性：测试结果并不能证明产品发挥了全部作用，测试者通常无法完全代表目标用户群体，测试并非总是运用了最合适的用户研究方法。

6.8 设计管理

企业商业目标是否能够达到、产品是否能够如实准确地履行前期的设计计划，设计管理以及设计决策的作用十分重要。了解苹果设计历史的人都知道，乔布斯之所以能逆转苹果当时的颓势，很大程度上在于他坚信设计决策的影响力，以及坚决执行设计流程、严格控制设计周期等设计管理方法。

设计管理是设计产业化、商业化的成熟产物，不过作为学科而言，设计管理的历史却比较年轻，属于设计学的新兴领域。设计管理协会（the Design Management Institute，DMI）成立于1975年，作为国际非营利会员组织，旨在推动设计学科与各行业的合作，促进组织变革与设计创新。在DMI的官网上对设计管理做出如下定义：简而言之，设计管理是关于设计的商业属性，包括正在进行的设计流程，商业决定，驱动设计创新的决策，创建有效设计的产品、服务、沟通、环境、品牌，提升生活质量，促进组织成功；在深层意义上，设计管理旨在链接设计、创新、技术、管理以及客户，提供跨越经济、社会文化以及环境因素的竞争力优势。设计管理是关乎以设计促进合作、综合设计与商业的艺术科学，旨在提高设计的有效性。

目前看来，即使是设计管理发展较为成熟的欧美国家，除了DMI的定义之外，对于设计管理的定义与理解也比较多样：比如设计管理是指导企业整体文化形象的多元管理程序；设计管理是企业发展策略和经营思想计划的实现，是视觉形象与技术高度统一的载体；设计管理是根据用户的需求，有计划有组织地进行研究与开发管理的活动等。

设计管理有利于多领域合作、资源整合与技术突破，有助于实现设计生产的灵敏度与准确性，及时推动技术转化为商品，降低人力、物力、财力的无效、过度消耗，提高产品的市场竞争力，并通过统筹的指导原则，创造流畅、连贯、清晰的企业形象。设计管理主要包括设计决策管理、设计组织管理、设计项目管以及设计创新促进等内容。

从企业方面与项目方面来看，设计管理对以下方面具有促进作用。

1）企业方面

- 设计技能对企业利润的贡献
- 设计责任与领导力
- 企业设计政策与战略的形成
- 设计定位与设计可视性
- 设计的集中及整合程度
- 企业设计的审计以及设计管理实践
- 企业设计管理系统的开发与导入
- 企业设计标准的建立与维护
- 设计活动的资助
- 设计的法律要素
- 设计的环保问题
- 设计意识与设计管理技能的发展计划
- 企业识别系统的设计与呈现
- 设计贡献与影响力的评估

2）项目层面

- 设计过程的本质以及设计项目的不同类型
- 设计项目方案以及概要过程的规划
- 设计专业人员的选择
- 改良式设计团队的构成及管理
- 设计项目的计划与管理
- 设计工作成本计算与设计项目预算草拟

- 设计项目文件记录与控制系统
- 设计研究与设计投资新概念的产生
- 设计建议的陈述
- 设计方案的实施与长期存在
- 设计项目评估

本章重点与难点

（1）了解设计评价与设计的关系、作用。

（2）认识设计评价的多元维度与方法及其优缺点。

（3）综合认识各大设计奖项的评价标准，并能形成初步、独立的设计评价印象。

（4）理解以下概念：社会创新设计，易用性，可供性，通用设计，设计管理。

（5）重点掌握语义差异法、雷达图绘制法、设计评价表。

附录：雷达图与设计评价表

雷达图（radar chart）：在一条轴线上绘制不同的变量，然后将这些变量连接到数据点的"蜘蛛网图"上来；这样一来，不同的绩效标准和度量彼此可以进行比较与评价、可谓一目了然。由于连接方式不同，同样的数据也能产生风格各异的雷达图（图6-31）。

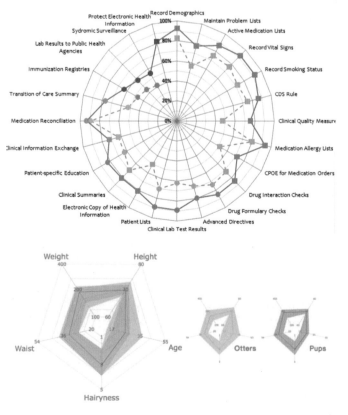

图6-31 雷达图示例

153

设计评价表：将设计评价的人物、时间、地点、标准、方式、结果等要素整合为表格。设计评价标准与方法作为重点，并区分为若干细则标准，赋予评分权重；并将评价分数结果整理为雷达图。

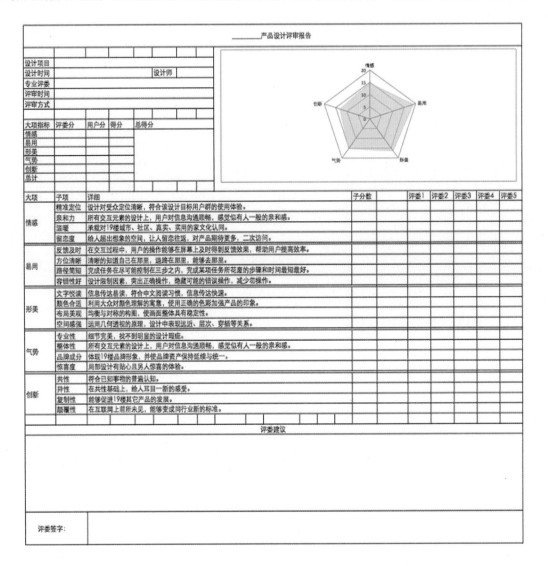

研讨与练习

6-1 你心目中的好设计是怎样的？举一个例子，说明原因，并分析出你认为的好设计标准是什么。

6-2 理解通用设计法则：

（1）找出 3 ~ 5 个实例，并详细分析原因，分别符合哪几项通用设计原理。

（2）选择其中一个实例，具体分析是否存在不合理、需要改进的地方；如有，给出改善方案 3 种以上。

（3）设置具体的设计评价标准 5 类，分别评分，并以雷达图的方式进行对比与综合评价。

6-3 理解可供性设计原理：

（1）找出可供性的实例 1 ~ 3 个，并详细分析一物多用的具体原因。

（2）选择其中一个实例，提出改进的具体方法与思路，将可供性尽可能降低至基本状态。

推荐课外阅读书目

［1］［英］蕾切尔·库珀，［英］迈克·普赖斯.设计的议程：成功设计管理指南［M］.刘吉昆，汪晓春，译.北京：北京理工大学出版社，2012.

［2］［芬］伊卡·泰帕尔.芬兰的100个社会创新［M］.洪兰，译.台北：天下杂志出版社，2008.

［3］［英］凯瑟琳·贝斯特.设计管理基础［M］.花景勇，译.长沙：湖南大学出版社，2012.

［4］［德］伯恩哈德·布尔德克.产品设计：历史，理论与实务.胡飞，译.北京：社会科学文献出版社，2007.

［5］胡飞.聚焦用户：UCD观念与实务［M］.北京：中国建筑工业出版社，2009.

［6］郑建启，胡飞.艺术设计方法学［M］.北京：清华大学出版社，2009.

［7］［美］丹·罗姆.餐巾纸的背面［M］.徐思源，颜筝，译.北京：中信出版社，2009.

［8］陈阳.白话设计公司管理［M］.北京：中国建筑工业出版社，2012.

第 **7** 章 设计批评①

　　就国内设计教育体系而言,设计批评还处于初始阶段,开设"设计批评"本科课程的院校还比较少。但是,设计批评又很重要,它对于设计师的反思能力、对设计产业的发展具有显而易见的影响力;因此,这里作为选读内容,供学有余力、对设计事业持有强烈热情的读者阅读与学习。本章粗略分为两个方面,一是对设计批评进行历史、理论、方法、国外教育现状等方面的概述①,二是对可持续设计批评进行专题讲解。

　　作为课程设置来说,"设计批评"属于高年级设计专业的课程,一般在"设计史"与"设计原理"、"设计方法"等课程之后进行,因此从事设计批评必须具备上述课程所教授的基本知识。设计批评的课程目的是培养学生的设计批评意识与设计价值观念。然而,不论是否接受过设计批评的系统训练,设计批评早已成为设计不可或缺的环节与体验。首先,设计活动与设计作品本身均可以看作设计师对于社会问题、用户需求、价值取向等的表达方式与结果,是设计师想法与观念的体现。其次,即使是普通的商业设计案例,不论是在设计过程中还是向甲方提交最终结果时,设计师都需要向外界解释自己的观点与看法。设计说明书、设计投标书等,都对设计师的写作能力、文字功底、知识基础等提出了较高要求。另外,当设计师进入事业较高阶段时,技能与表现都已经日渐成熟,要想在能力上、眼界上实现质的飞跃,设计批评的能力是衡量设计师水准与平台的关键衡量要素。

7.1　何谓设计批评

　　历史(定义)、意义(价值)、方法等三个方面是了解一个概念、一个学科、一个领域必须弄清楚的三个基本问题,对于设计批评而言也是如此。设计批评是一个年轻的学科领域,即使对于现代设计学科起源的西方国家而言也只有短短二十年不到的时间。1995 年,发表在《眼》(*Eye*)这本期刊第 4 卷第 16 期的访谈类文章"什么是平面设计批评"(What is This Thing Called Graphic Design Criticism)算是设计学界第一个将"设计"与"批评"放在同一个语境中共同使用的初次尝试,也从此拉开了西方学者对于设计批评的讨论。

　　捷克裔美国文学批评家雷内·韦勒克(René Wellek)在其著述《批评的概念》中指出了现代批评

---

① 本章内容来自 2013 年第二届中国中部艺术与设计国际研讨会的主题发言《设计批评的基本问题》,原文较长,稍作删改。

的历史起点："批评这个名词的意义扩大到既包括整个文学理论体系又指今天所说的实用批评以及日常书评，是 17 世纪才有的事情。"[①] 在该书中，韦勒克的贡献还在于对 20 世纪文学艺术批评的几种主流趋势进行了预测与分析，包括马克思主义批评、心理分析批评、语言学、文体学批评（文本批评）、形式主义（新的机体主义）批评、文化批评、存在主义/结构主义批评、精神分析批评、现象学批评、解释学批评、原型批评、读者批评、社会学批评、历史批评、女权主义批评。可以说，上述批评趋势不仅主宰了 20 世纪的文艺批评，同时也影响到了几乎所有的批评应用领域，设计批评也不例外。[②]

"批评"一词主要有两种含义，一是对批评对象的直接审美反应，或者指对批评对象的陈述也即话语；二是指上述审美反应、陈述或话语在理论层面上所作的阐述。前者意指行为，强调的是批评的实践属性；后者意指反思，强调的是批评的理论属性。有时也将后者称作"批评的批评"或"批评理论"，是一种系统的理性审视。

综上所述，我们可以将设计批评的概念大致归纳为：对设计的过程、方法、结果及其功能、形式、社会效应、伦理、历史地位、文化价值等各个方面进行意义与价值的综合判断与评价，并将上述评价意见诉诸文字形式表达，通过各种媒介传播出去的整个过程与活动。

7.2 为什么需要设计批评

设计批评重要吗？看似这是一个没有判断标准的伪命题，实际情况是，对这个问题的回答取决于对于设计批评意义的认知。

一方面的观点是设计批评很重要。有一种未经考证的说法，关于某部影视作品第一篇评论的褒贬态度，将会决定 70% 左右的受众是否去影院观看此部电影。除了电影产业，对于音乐、游戏、书籍、旅游，甚至各种日用消费品而言，负面的评论都会给产品的市场表现带来致命打击。换言之，批评者的声音对于受众对于作品的接受与理解具有独立的生产力。正如洛克所言："设计实践与设计批评之间属于共生关系。战后 40 年的设计产业发展有赖于（设计批评的）写作得到矫正与促进。"[③] 设计批评对于设计实践的促进作用毋庸置疑，然而惨淡的现实正如平面设计师，同时也是纽约视觉艺术学院客座讲师的迈克·贝鲁特（Michael Bierut）所言："设计批评还处在尚未成熟的不明确阶段。智慧的、容易理解的批评文章仍然十分有限。在评论界，设计批评的诸多话题仍处于尚未开发的处女地。"[④]

另一方面，在实用主义哲学泛滥的设计界，"务实"的态度让很多人对设计批评及其意义抱有偏见。亚利桑那州立大学的设计学教授雅克·贾尔（Jacques Giard）的观点代表了实用主义的典型态度："设计领域面临着更多务实的问题，很可惜，学术反思的趋势非常模糊。并不是说，通过设计批评的学术反思不被需要，但是作为设计学院而言，批评无法取代设计本身成为教学的中心任务。特别是当下我们正面临可持续发展、全球化、数字化等世界潮流改变着设计行业，设计要解决的实际问题比批评本身要更为迫切一些。"

可是如果设计批评没有意义，那么为什么会有设计批评？对于设计批评意义的追问，实际上也

① WELLEK R, edited and introduction by Stephen G. Nichols. Concepts of Criticism. Jr. New Haven, CT & London：Yale University Press, 1963, pp14.

② 国内已出版的设计批评著作，包括黄厚石的《设计批评》（2009 年）、李万军的《当代设计批判》（2010 年），以及李丛芹的《设计批评论纲》（2012 年），其中涉及的设计批评方法基本上都遵循韦勒克在《批评的概念》一书中对于 20 世纪文艺批评趋势的分析。

③ RICK P, MICHAELR. What is This Thing Called Graphic Design Critocism? Eye, 1995, 4(16)：2.

④ BOWEN L C. Teaching design criticism：are design critics born or made? 2013. http：//www.commarts.com/Columns. aspx?pub=2055&pageid=831.

是对于设计批评发生语境的考察。"几十年前，在餐厅评论家和食谱作者之外很少有人写关于食品的批评文章，现在却有几十种有关食物的回忆录和分析文章等。现在，设计批评写作也正朝着这个方向在努力！只要越来越多的人对'设计正在以何种方式、何种程度影响着人们的日常生活'感兴趣，也会有很多人开始从事设计批评的写作。"[①] 设计批评的兴起，显然既是批评意识普遍化的结果，也是人们对于设计价值接受与认可的结果。每个人都承认，我们所处的日常世界是一个高度设计化的世界。设计正在对我们的日常生活发挥着重要的干涉力。面对设计的各方面渗透，人们开始思考：①设计与身份的关系——消费的选择意味着身份的表达；②设计作为技术的影响力——比如 3D 打印技术、谷歌眼镜等正在以不可逆转地方式改变着我们的生活；③设计作为新媒体——各种 App，微博、微信、博客平台，更新着人与社会的关系，也改变着人与人之间的交往方式；④设计的多维意义系统——即使是再小的设计，只要对人的生活、认识、经历、体验施加了影响，它便具有了意义。这里的意义需要当事人去阐明，比如针对秘鲁贫民窟居民设计的"巴尔德"（Blade，西班牙语，意为"桶"）塑料水管；五，生态环境的日益恶化，人类正在面临关乎存亡的可持续发展压力——面对华北地区日渐常态化的雾霾天气，除了治标不治本的室内空气净化机之外，设计还能施展什么样的智慧？对于上述设计问题的回答与思考，构成了设计批评发生的五种语境。

诚如清华大学美术学院李砚祖教授所言："设计批评，并不是对设计现象的描述，而是对设计现象包括设计事件、人物、作品、思想等的深入解读和理论分析，是一种基于设计原理和设计目的的价值判断，是一种事关设计发展乃至人类艺术化生存大业的理性活动。"设计批评的意义在于关乎日常生活审美化的理性反思，在于寻求更美好的人类发展途径。

7.3 设计如何批评

7.3.1 设计批评的内容及其层次

从历史以及现实的双重渠道都可以看到，批评是对象意义的再创造，它具有独立的生产意义和价值，能够进一步阐释、发掘批评对象的定义、价值、意义并进行判断。批评是基于文学、艺术、设计对象的延伸性创作。从事批评，必须要有强烈的批评意识。批评家是一群具有敏锐批评意识的创作群体。批评意识是批评发生的必要条件，是批评的起点。批评意识是一种有益于反思与进步的主体性意识，因此不仅批评家要有，文学家、艺术家、设计师等原创群体也要具备，读者、艺术观赏者、消费者也应该了解。因为设计师、消费者、批评家三方面的介入将会有益于设计本身的进步，既包括质量也包括价值。因此，可以说，批评意识不是一种寄生于过去、执著于已发生事物的陈旧意识，而是一种旨在催生新发展、新变革的进步意识，是一种面向未来的主动意识。对于批评意识的准确认知，是确立批评价值的关键前提。

设计批评始于批评意识，具备批评意识的观者在学会了"看见"（seeing）的技能——在更广泛的文化背景下或在一种特定的历史参照中，深刻感受作品的含义——之后，便可以开始设计批评。很多人都有参观博物馆、美术馆、艺术馆等公共空间的经历，试问在每一幅作品面前的平均停留时间是多少呢？一般而言，不超过 5 分钟。这是普遍的"博物馆 5 分钟现象"。这种不超过"5 分钟"停留时间的参观，只能称为"观看"（looking）而不能称为"看见"（seeing）。前者指的是流于表面

① HELLER S. Writing is design, too. 2012. http：//www.theatlantic.com/entertainment/archive/2012/07/writing-is-design-too/260342/.

的生理性认知，后者则是批评的另一实践起点——观察，是否能够看见作品的内涵，取决于观者的知识底蕴、理解力、洞察力与想象力。对于设计批评而言，是否能够看见或观察，取决于观者对于设计的熟悉程度，是否了解设计从哪里来、到哪里去，以及现在的状态。设计批评的有效性来自于有价值的直觉与深刻的洞察力，善于找到作品表象与内在意义的关系。

设计批评的三个层面指的是批评设计的三种思路。第一种是操作层面的批评，涉及具体的设计方法、技术、程序、功能等；实际上也是设计的本体论批评。第二种是审美体验和美学的批评，包括品位、趣味、装饰、风格、时尚等；等同于设计认识论的批评，什么样的设计可以称得上"美"的设计？设计之美的意义何在等。第三种是文化批评，强调设计在整个历史社会文化当中的文脉关系与相对位置，关注设计的社会层面、思想价值、身份认同、性别立场、意识形态、伦理道德、政治话语等；也可以看作设计价值论的批评。当然，以上三种层面的区分并不足以完整地概括设计批评的复杂性，但对于清楚认知设计批评的内在结构以及主要的思路却是有益处的。

7.3.2 设计批评的对象

除此之外，设计批评主要涉及的对象也有三种，分别是物（object）、图像（image）与空间（space）。这里值得特别指出的是，并没有以产品设计、平面设计、室内或建筑设计来指代设计批评的三种主要对象，而是采用了意义更为宽泛的几个概念。"物"代表了以人与物的相互关系来看待产品设计，"图像"说明了以视觉文本的社会意义来看待平面设计，"空间"表明了以身体的尺度与位置变换来体验室内或建筑设计。三者背后同时隐藏了设计批评倚赖的三种主流的文化研究方法，分别是物质文化、视觉文化，以及建筑批评。本文认为，不论是上述哪种对象的设计批评，实际上都关乎三类问题的追问，分别是：设计在某种社会、政治语境下如何发挥意义？隐藏在今日设计背后的主导力量是什么？在这股潜流之下，未来设计的走向如何？

7.3.3 设计批评与想象力

从教育的角度来看，学好设计批评必须掌握两个方面的基本技能，一是思考，一是写作。主动的批判思维方式与熟练的写作技能是设计批评的关键能力。前者既是批评意识的结果，也是批判思维方式的实践；后者指的是设计批评独创性的主要表现。耶鲁大学平面设计研究中心主任布雷特维尔（Sheila Levrant de Bretteville）女士曾表态："（由于）设计领域缺乏建筑领域的批判写作的深厚历史，我赞成所有能够强化学生关于设计的写作技巧训练。"[①] 具体而言，好的设计批评家一般具有以下三个方面的基础学术素养：想象力，历史知情能力（historical informed），以及社会责任感。设计批评的"想象力"，来源于美国著名批判社会学家米尔斯（C. Wright Mills）的著作《社会学的想象力》（*The Sociological Imagination*），该书批判了20世纪60年代以来美国社会学的研究成果，以及传统学科之间的僵化与抽象。"想象力"一词道出了米尔斯以为的社会学研究之灵感所在：社会学家应该是人文社会学科之全才，才有可能在比如历史与传记之间找到两者的关联性，并在社会学的知识框架内，将之纳入一个整体，形成社会学的研究成果。对于设计批评而言也是如此，如果要对一个正在发生或刚刚发生的设计现象发表观点，历史知识储备与现实社会认知两个方面必不可少；更重要的是，能够发挥"有价值的直觉"——想象力，找到多个看似不相关要素之间的关系，从而确立批评的独创性。

---

① BOWEN LC Teaching Design Criticism: Are Design Critics Born or Made?[2013-12-12]. http://www.commarts.com/Columns. aspx?pub=2055&pageid=831.

当然，社会责任意味着一个设计批评家，要以人类共同的生存发展以及普遍价值作为道德准绳，引导设计的有序进化。

当想象力、历史知情、社会责任这三个基本条件已经初步具备了，那么接下来决定设计批评质量的技术因素则主要包括：第一，在严谨的研究、深刻的认知以及深思熟虑的判断等基础上建立可靠的、有见地的观点。这一点凸显了设计批评"实事求是"的特点，有观点、有立场，且观点和立场建立在扎实的研究基础之上。第二，以实验性的、富有想象力的语言从事设计批评写作；八股文似的说教语言除了引起反感或抵抗心理之外，别无他用。事实证明，"接地气"的语言风格是较受欢迎的评论类文章的共同特点之一。这一点考察了批评家的语言文字功底，语言形式是否能够带来诸多变化、富有乐趣。第三，选择叙事的方式，主要看批评家在学理的框架内，借助已掌握的素材，发挥想象力讲故事的能力。从文化研究的视角来看，凡物，无论巨细，背后都会有一个故事。批评家如何决定观察的角度、叙事的方式来讲这个故事，都有可能成为创意的关键点。

设计批评处于历史与哲学之间，一边是设计史的知识积累，一边是批判思维的哲学训练。因此，要成为一名优秀的批评家，以下是几个基础条件，包括：通晓历史知识——因为历史让批评家能够理解今日设计的背后成因；成因的发掘与整理，加之想象力的合理发挥，是是否能够形成一个完整故事、组成系统的知识网络的关键。设计批评与设计史在某个层面，都会涉及"我们从哪里来、我们是谁、我们将会到哪里去"的终极追问。所以说，"好的批评家一定也是好的历史作家"的说法并不夸张。就像纽约视觉艺术学院（SVA）在为期两年的设计批评课程中，设计史课程的课时量达到30周，仅次于60周课时量、训练批判思维与语言表达能力的辩论课。

7.4 设计批评的教育现状

设计批评可以被教授吗？设计批评可以通过"学习"学会吗？前一个问题针对教育者，后一个问题针对受教育者。这两个问题也一直是英美设计类院校在多年设计教育过程中不断设问与反思的问题。纽约视觉艺术学院（School of Visual Art）是一所颇具声望的老牌私立艺术院校，于2008年开设全美第一个设计批评硕士学位项目，开美国设计批评教育之先河。在该校设计批评学位课程的官网上写着关于"设计批评"学位课程的教育目标、意义、价值，以及具体的学习内容，包括为设计研究、写作、策展、新闻传媒、设计教育与设计管理等职业预备，在设计与建筑领域献策公共话语、检视设计活动及其产物之于社会的意义与影响，以及学习如何针对图像、物体以及空间进行综合写作。[①]

设计批评帮助学生研究、分析、评估设计及其社会影响。经过两年的学习,学生将来的职业方向为：策展人、记者、编辑、设计管理人员、评论家等。SVA敏锐地觉察到，一个20多岁的年轻人，即使精通设计史、设计理论、设计批评等知识，在没有任何设计行业的实践体验之前，也无法转身成为光鲜的设计批评家。因此，SVA的设计批评硕士班每班限定人数在12人，虽然最终以个人论文以及举办研讨会的形式毕业；创新课程设计在于，每天下午5：00开始上课，且只有夜间课程，以保证学生可以在专职或兼职之外同时修读本课程。多媒体时代的到来，为学生发挥批判思维提供了众多非传统的媒体形式，博客、脸书等社交媒体、微博、微信、电视、电影、展览等，都是学生实践设计批评学习成果的平台。

为了丰富学生对于真实设计界的认知与体验，SVA每学期都会聘请不同的嘉宾担任讲师，这些

---

① http://www.sva.edu/graduate/mfa-design-criticism。

人全部是活跃在全美乃至国际设计界的设计经理人、设计策展人、设计记者等设计评论家，包括创立艺术类公共电台"工作室360"（Studio 360）的美国小说家昆特·安德森（Kurt Andersen），设计杂志 I.D. 的前主编、多本设计畅销书作家拉尔夫·卡普兰（Ralph Caplan），美国著名平面设计师迈克·贝鲁特（Michael Bierut），以及纽约现代艺术博物馆建筑与设计分馆的高级策展人保拉·安特那利（Paola Antonelli）等。

除了 SVA 提供设计批评的学位课程，设有设计批评学位或课程的美国大学还包括康奈尔大学、加州艺术学院、密歇根大学、北卡罗莱纳州立大学、休斯敦大学、亚利桑那州立大学、芝加哥艺术学院和加州艺术大学等。不同学校的设计批评教育重点也不一样。比如美国亚利桑那州立大学主要采用物质文化批评的方法，对比地评估设计取得的成就及其意图；而加州艺术学院则志在帮助学生探索设计与历史、文化之间的关联，以及产品设计、服务设计、视觉传达设计等产生的影响力。

学好设计批评有几个关键技能必须要掌握，包括掌握基本的研究、采访和访谈方法，学会编撰复杂的资料并形成独创的思路，全面占有设计史资料、了解当代设计的关键问题并熟悉各种争议的声音；最重要的是，上述这些技能与基本功都是帮助学生清晰认识自己所处的历史节点并形成自身独特的身份感。这种身份感将伴随学生每一次的设计批评，并逐渐建立自己的话语风格。另外，除了掌握基本的知识（历史、文化、理论）与批评方法，批判思维方式也是衡量一个设计批评家的关键要素。批判思维一方面取决于先天或后天已经形成的思维方式，另一方面取决于对生活、对设计、对人生、对社会、对世界的体味与认知。学校鼓励学生多参加社会活动，结识更广阔的人脉网络从而建立对设计圈子的鲜活认知。每天下午五点开始的课程，与其说是老师给学生上课，不如说是老师作为过来人，组织工作了一天的学生以圈内人的意识与姿态参与设计研讨。SVA 地处曼哈顿中城，地理环境相当优越，学生能够便利地接触到众多一流的设计资源，包括工作室、画廊、博物馆、美术馆，以及各种主题的经纪人派对。

7.5 可持续设计批评

在物质极度丰富的消费社会，本以"解决问题"为本质职能的设计却逐渐成为制造问题与麻烦的主要力量。每季度买新衣服、每两年更换一次智能手机、每五年重新装修室内、每十年换一部新车……设计一直在以各种借口与方式鼓励人们买新的商品、将自身幸福感建立在物的丰腴程度之上，导致了今天不可持续的生活方式。关于这一点，早在 20 世纪 70 年代，美国学者帕帕奈克的《为真实世界的设计》就对此进行了深刻、系统的批判与分析，并成为时代的经典。人们开始对设计师的社会职责以及设计的意义进行反思，可持续设计成为未来设计发展的必经之路，这一点得到了学界的共同认可。

"可持续设计"（design for sustainability, DFS）源于可持续发展的理念，是设计师对人类发展与环境问题之间相互关系进行深刻思考得出的策略与方法。可持续设计理念的发展大致经历了以下 4 个阶段。

绿色设计（green design）：从 20 世纪 80 年代末开始，强调使用对环境影响较小的材料与能源，即减少物质与能源的消耗、增加材料的回收利用效率、提倡可重复使用，包括无害化设计、可拆解设计、耐久性设计等。在绿色设计阶段，设计与环境的关系是核心诉求。但绿色设计的弊端也显而易见，它的方法与建议都是一种"过程后的干预"，换言之，是在设计成型、问题出现之后产生的补救方法与缓解措施，本质上只是延后了污染发生的时间，并不能解决根本问题。

生态设计（eco-design）：也称为"产品生命周期"设计；比绿色设计进步的地方在于，不仅关注最终的结果，而是从产品设计的整个流程、阶段、方法进行系统规划与衡量，是一种"过程中的干预"，具体方法包括：减少产品生产过程中的能源与材料消耗，避免对水源、空气和土壤的污染排放，减少噪声、振动、放射和电磁场等领域的污染，以及减少废弃物质的生产。"产品生命周期评估"（product life cycle assessment）是目前用来衡量、推行生态设计观念与方法的主要手段，采用量化的系统方法来指导设计过程，并使之规范化。

产品服务系统设计（product service system design）：基于生态效率，超越"物质产品"的关注，是对系统的理解、对服务的关照，是将设计之物转化为设计之方案。力求将商业环境的各个要素与设计整合起来，创造出新的商业发展模式与销售方案等。

为社会公平与和谐的设计：属于可持续设计的现阶段最集中的体现。关注社会公平，尤其是非主流国家与地区的贫穷人群、对文化与物种多样化的尊重与保护、提倡可持续性生活方式与消费模式。例如"乐活"（lifestyles of health and sustainablity, LOHAS）观念的提出，在全球化浪潮中倡导社会和谐以及拓展大众在物质消费与精神消费方面的丰富性。

总而言之，"可持续设计"并非单纯强调设计与环境关系的设计观念或方法，而是兼顾用户需求、环境利益、社会效益、企业收益的系统化创新策略。

研讨与练习

7-1 Twitter、Facebook、微博、人人网等新兴社交媒介的出现，对大众发出自己的声音、建立社会网络提供了开放的平台。这些媒体平台出现之后，设计与用户、设计与日常生活、设计与社会的关系发生了哪些变化？设计师如何改变设计策略或方法才能顺应上述变化？举例说明。

7-2 每个城市都应该有自己的文化身份与独特的视觉符号。最近几年，中国各大城市不断涌现出各国设计师的建筑设计，高、怪、新似乎逐渐成为城市建筑景观的共性，从设计师的角度你是如何认识这些现象的？

7-3 "创新是设计的本质"。如何看待"中国特色"的山寨设计现象？从消费者与设计师的两个角度进行评论与分析。

（1）找出 3 ~ 5 个实例，并详细分析原因，分别符合哪几项通用设计原理。

（2）选择其中一个实例，具体分析是否存在不合理、需要改进的地方；如有给出改善方案 3 种以上。

（3）设置具体的设计评价标准 5 类，分别评分，并以雷达图的方式进行对比与综合评价。

推荐课外阅读书目

［1］［美］维克多·帕帕奈克. 为真实的世界设计［M］. 周博，译. 北京：中信出版社，2012.

［2］黄厚石. 设计批评［M］. 南京：东南大学出版社，2009.

［3］［美］Nathan Shedroff. 设计反思：可持续设计策略与实践［M］. 刘新，覃京燕，译. 北京：清华大学出版社，2011.

［4］李从芹. 设计批评论纲［M］. 北京：中国社会科学出版社，2012.

［5］李万军. 当代设计批判［M］. 北京：人民出版社，2010.

参 考 文 献

［1］ BRAMSTON D. Basics product design 01: idea searching[M]. London: Fairchild Books, 2008.

［2］ MORRIS R. The fundamentals of product design[M]. London: Fairchild Books, 2009.

［3］ BUTLER J, et al. Universal principles of design[M]. London: Rockport Publishers, 2010.

［4］ ［英］布朗 . IDEO，设计改变一切 [M]. 侯婷，译 . 沈阳：万卷出版公司 , 2011.

［5］ ［美］恰安，［美］沃格尔 . 创造突破性产品——从产品策略到项目定案的创新 [M]. 辛向阳，潘龙，译 . 北京：机械工业出版社，2004.

［6］ ［英］克雷 . 设计之美 [M]. 张弢，译 . 济南：山东画报出版社，2010.

［7］ 李砚祖 . 艺术设计概论 [M]. 武汉：湖北美术出版社，2009.

［8］ ［日］无印良品 . 无印良品生活研究所 [M]. 张钰，译 . 桂林：广西师范大学出版社，2013.

［9］ ［美］汉娜 . 设计元素——罗伊娜·里德·科斯塔罗与视觉构成关系 [M]. 李乐山，韩琦，陈仲华，译 . 北京：知识产权出版社，2003.

［10］ ［美］拉索 . 图解思考——建筑表现技法 [M]. 3 版 . 邱贤韦，等，译 . 北京：中国建筑工业出版社，2002.

［11］ ［美］萨拉马 . 设计元素——平面设计样式 [M]. 齐际，何清新，译 . 南宁：广西美术出版社，2012.

［12］ ［美］萨拉马 . 完成设计——从理论到实践 [M]. 温迪，王启亮，译 . 南宁：广西美术出版社，2008.

［13］ ［美］海勒，［美］塔拉里科 . 破译视觉传达设计 [M]. 姚小文，译 . 南宁：广西美术出版社，2013.

［14］ ［美］萨拉马 . 图形、色彩、文字、编排、网络设计参考书 [M]. 庞秀云，译 . 南宁：广西美术出版社，2013.

［15］ ［美］伊拉姆 . 设计几何学——关于比例与构成的研究 [M]. 革和，李乐山，译 . 北京：知识产权出版社，2003.

［16］ ［美］马克纳 . 源于自然的设计：设计中的通用形式和原理 [M]. 樊旺斌，译 . 北京：机械工业出版社，2013.

［17］［英］切克，［英］米克尔斯维特. 可持续设计变革：设计和设计师如何推动可持续性进程［M］. 张军，译. 长沙：湖南大学出版社，2012.

［18］［美］帕帕奈克. 为真实的世界设计［M］. 周博，译. 北京：中信出版社，2012.

［19］黄厚石. 设计批评［M］. 南京：东南大学出版社，2009.

［20］［美］谢卓夫. 设计反思：可持续设计策略与实践［M］. 刘新，覃京燕，译. 北京：清华大学出版社，2011.

［21］李从芹. 设计批评论纲［M］. 北京：中国社会科学出版社，2012.

［22］李万军. 当代设计批判［M］. 北京：人民出版社，2010.

［23］［英］库珀，［英］普赖斯. 设计的议程：成功设计管理指南［M］. 刘吉昆，汪晓春，译. 北京：北京理工大学出版社，2012.

［24］［芬］泰帕尔. 芬兰的 100 个社会创新［M］. 台北：天下杂志出版社，2008.

［25］［美］贝斯特. 设计管理基础［M］. 花景勇，译. 长沙：湖南大学出版社，2012.

［26］［德］布尔德克. 产品设计——理论与实务［M］. 北京：中国建筑工业出版社，2007.

［27］胡飞. 聚焦用户：UCD 观念与实务［M］. 北京：中国建筑工业出版社，2009.

［28］［荷］艾森，［荷］斯特尔. 产品手绘与创意表达［M］. 王玥然，译. 北京：中国青年出版社，2012.

［29］［荷］艾森，［荷］斯特尔. 产品设计手绘技法［M］. 陈苏宁，译. 北京：中国青年出版社，2009.

［30］［西］米拉，温为才，周明宇. 欧洲设计大师之创意草图［M］. 北京：北京理工大学出版社，2009.

［31］刘传凯. 产品创意设计［M］. 北京：中国青年出版社，2005.

［32］郑美京. 观察与生活［M］. 杭州：浙江人民美术出版社，2012.

［33］［日］清水吉治，朱钟炎. 从设计到产品：日本著名企业产品设计实例［M］. 上海：同济大学出版社，2007.

［34］吴国荣. 素描与视觉思维：艺术设计造型能力的训练方式［M］. 北京：中国轻工业出版社，2006.

［35］［美］米尔曼. 像设计师那样思考［M］. 鲍晨，译. 济南：山东画报出版社，2010.

［36］［美］鲍克斯. 像建筑师那样思考［M］. 济南：山东画报出版社，2009.

［37］［英］克罗斯. 设计思考：设计师如何思考和工作［M］. 程文婷，译. 济南：山东画报出版社，2013.

［38］［英］克罗斯. 设计师式认知［M］. 任文永，陈实，译. 武汉：华中科技大学出版社，2013.

［39］［美］齐莉格. 斯坦福大学最受欢迎的创意课［M］. 秦许可，译. 长春：吉林出版集团有限责任公司，2012.

［40］［美］路佩登. 图解设计思考：好设计，原来是这样"想"出来的！［M］. 林育如，译. 台北：

商周出版，2012.

［41］［芬］KOSKINEN，等. 移情设计——产品设计中的用户体验 [M]. 孙远波，等，译. 北京：中国建筑工业出版社，2011.

［42］［美］诺曼. 设计心理学 3：情感设计 [M]. 何笑梅，欧秋杏，译. 北京：中信出版社，2012.

［43］［美］安东尼利. 日常设计经典 100[M]. 东野长江，译. 济南：山东人民出版社，2010.

［44］［日］原研哉. 设计中的设计 [M]. 革和，纪江红，译. 桂林：广西师范大学出版社，2010.

［45］［美］赫斯科特. 设计，无处不在 [M]. 丁珏，译. 南京：译林出版社，2009.

［46］［美］拉夫特里. 产品设计工艺：经典案例解析 [M]. 刘硕，译. 北京：中国青年出版社，2008.